반도체 조명 시스템과 응용기술

김 용 구 저

도서출판 상 학 당

머리말

Preface

120여 년간 빛의 세계를 지배해온 백열전구와 형광등의 시대가 마침내 막을 내릴 것으로 보인다. 빛의 재발견으로 일컬어지는 LED(Light Emitting Diode)가 강력한 차세대 조명 수단으로 사용되고 있기 때문이다. 차세대 조명으로 주목받는 LED는 전압을 가해 빛을 내는 반도체 발광소자로서, 반도체를 구성하는 물질의 종류에 따라 각기 다른 파장의 빛을 낼 수 있기 때문에 LED는 기본적으로 여러 색을 구현할 수 있다.

응용분야로는 휴대전화용 키패드의 광원, 컬러폰의 LCD창의 백라이트 광원, 카메라폰 플래시 등으로부터 교통신호등, 고급 자동차의 실내등, 브레이크등, 방향지시등에도 LED 사용이 늘고 있다. 앞으로는 중대형 LCD의 백라이트 광원인 CCFL(냉음극 형광 램프)을 대체하고, 백열등과 형광등이 주종을 이루는 일반조명 시장에까지 침투하게 될 것으로 보여 LED의 활용범위는 크게 확대될 전망이다.

LED가 갖는 큰 잠재력과 부가가치 때문에 정부에서는 LED 산업을 국가 신성장 동력분야로 지정하여 정책적으로 육성, 발전시키고 있으며, 앞으로 급속도로 수요가 증가하게 될 반도체소자 조명 관련 기술인력 양성을 위해 이 책을 저술하였다.

이 책에서는 LED를 중심으로 한 반도체 조명 시스템과 응용기술에 대한 개념과 이에 관련된 응용에 대하여 서술하였다.

제1장은 반도체 조명 소자로서 LED의 기본특성 및 제조방법, 특성평가에 대해 간단히 설명하였다.

제2장은 조명 시스템에 대한 이론 및 조명기구를 서술하였다. 특히 최근 각광받고 있는 경관조명 시스템에 대해서도 언급하였다.

제3장은 LED를 이용한 응용기술들로서 LED 교통신호등, LED 전광판, 태양광발전, LED 디스플레이(BLU)에 적용된 기술과 특징을 설명하여 현장에서 쓰이는 다양한 기능과 효과들을 알아볼 수 있게 하였다.

제4장과 제5장의 내용은 조명 시스템을 제어하는 구성요소들에 대한 것으로 제4장에서는 DOT MATRIX, OLED, A/D 컨버터, Dimming 컨트롤에 대해 그리고 제5장에서는 이들을 제어하는 마이크로컨트롤러에 대해 기술하여 조명제어 시스템의 구성요소의 기능과 특징을 확인해봄으로써 조명제어 시스템에 대한 전반적으로 쉽고 빠른 이해를 얻을 수 있을 것이다.

부록으로 마이크로컨트롤러에 의해 제어되는 LED 제어에 관한 소스코드를 제공하였다.

끝으로 이 교재를 집필하는 데 많은 도움을 주신 (주)포에프의 주윤석 부장님과 이동호 연구소장께 감사의 말을 전한다.

저자 씀

차 례

Contents

제1장 반도체 조명 소자

제2장 조명이론

제3장 LED 응용기술

제 1 장

반도체 조명 소자

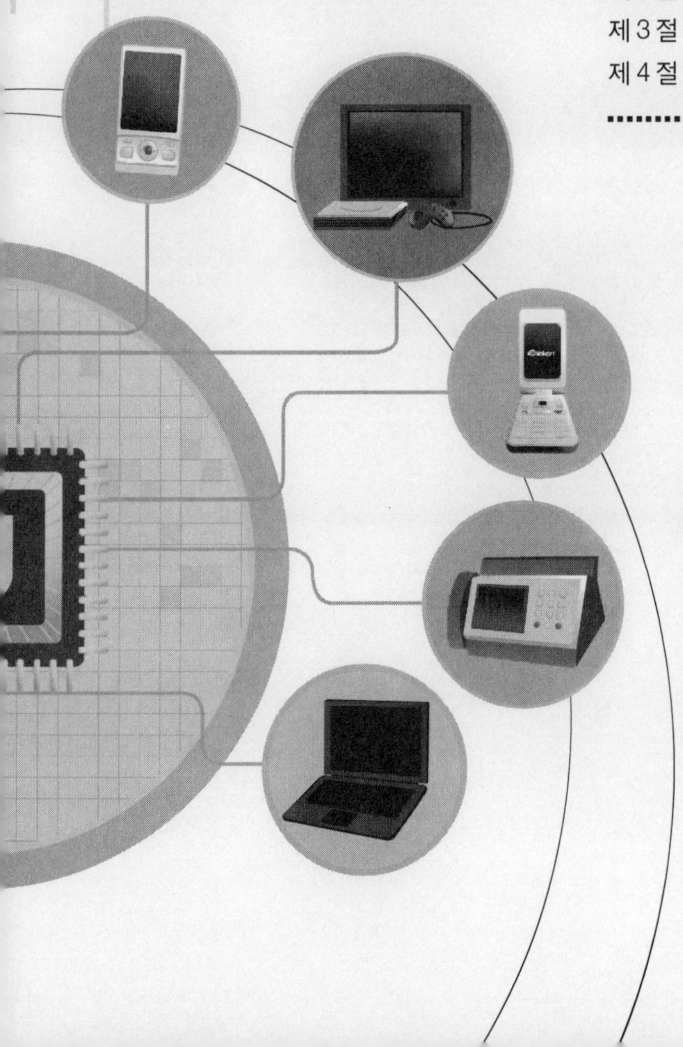

제 1 절

LED 개요와 특성

1. LED란

LED는 Light Emitting Diode의 약칭으로 PN접합된 화합물 반도체에 일정방향의 전류를 통하면 빛을 내는 다이오드이다. LED의 역사는 1968년에 처음으로 미국의 군용표시에 사용된 후 필라멘트를 사용하는 전구의 결점을 보완한 발광 전자부품으로 최근 들어 급속하게 시장이 커가고 있다.

인간의 눈이 감지할 수 있는 광을 가시광이라 하며 색성분과 명도의 성분에 따라 구성된다. 가시광은 전파와 같이 파장의 길이로 표현될 수 있다.

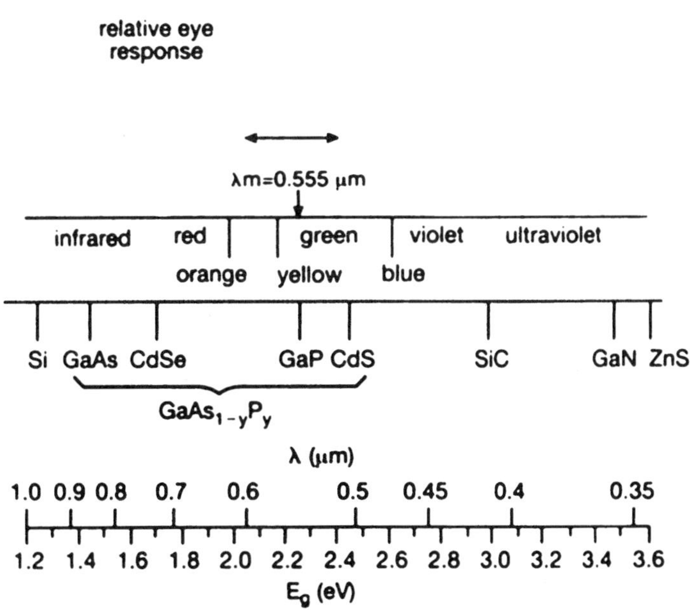

[그림 1-1] LED에 사용되는 반도체

가시광범위는 보라색부터 빨간색까지이며 파장은 380~760nm 정도이다. LED의 발광색은 앞에서 설명한 가시광범위를 대부분을 포함하고 있으며 LED의 발광색은 LED 소재에 따라 약간씩 다르다. 기존에는 GaAsP, GaP, GaAlAs 등이 주로 사용되었으나, 최근에는 기술의 진보로 빨간색부터 노란색까지의 AlGaInP 및 청색으로부터 녹색발광의 InGaN이 고발광 LED로 많이 사용되고 있다.

2. LED의 특징

LED는 단순 가시광선이 아니라 자외선부터 적외선까지 넓게 실용화되고 있다. 향후의 동향에서 주목할 만한 것은 발광표시 부분이며, 특히 조명기 개발 분야는 응용 분야가 급격히 증가할 것으로 보인다. 이러한 LED의 확대는 다음과 같은 장점이 있기 때문이다.

가. 소형 광원, 색설계가 가능

발광반도체가 0.3×0.3mm의 크기이며 패키지 후 원형은 3~5mm, SMD형은 3×3mm 정도로 작아 기구 설계시 작은 공간에서도 설치가 가능하다. 또한 1개의 패키지에 적색, 녹색, 청색 chip 복수 개를 배치하여 2색 이상의 광을 얻을 수 있어 다양한 색설계가 가능하다.

나. 저소비전력

LED의 소비전력은 종래 사용된 텅스텐 전구에 비해 1/8~1/10 정도이다. 자동차의 경우 소비전력이 적어지면 배터리의 크기가 작아져 연비향상에 기여할 수 있다. 향후 하이브리드카 및 발열도 적고 전구에서 필요했던 방열 공간도 불필요하여 소형화에 기여할 수 있다.

다. 장수명, 고신뢰성

LED는 반도체의 발광소자이기 때문에 전구에 비해 수명이 길다. 이용되는 LED 소자 및 사용 조건에 따라 다르나 일반적으로 수명은 3~8만 시간 정도이다. 자동차의 경우 주행거리가 10만km 이상에 해당되며 차량의 램프를 교환하기 위한 작업공간도 줄어들고 교환 작업시간도 급격히 줄일 수 있다. 또한 자동차와 전철 등 내진동 특성을 요구하는 경우 진동에 의해 필라멘트가 자주 끊어지므로 LED를 광원으로 하는 경우에는 전구에 비해 신뢰성이 좋다.

라. 유색 광원

LED는 전구와 같이 필터를 이용하지 않아도 특정 색을 발광할 수 있다. 또 무색투명의 렌즈를 사용할 수 있다. 종래의 착색 필터를 이용할 경우 강력한 외광(햇빛)이 비출 때 내부의 반사판에 의해 외광이 반사되어 렌즈로부터 받은 경우 이러한 착색광 현상으로 신호가 노란 불인지 빨간 불인지 분간이 어려운 상황을 독자들이 경험했으리라 본다.

마. 고속 응답성

전구가 발광할 경우 응답속도는 수백ms(1000분의 1초)이다. 전구는 전류가 흘러 필라멘트가 가열된 후 발광된다. 이 응답속도는 필라멘트의 가열에 필요한 시간이다. 이에 비해 LED의 응답속도는 수ns(십억 분의 1초) 전후로서 백만 배 이상의 응답성을 가지고 있다.

3. LED의 발전

LED는 기본적으로 P형과 N형이 접합된 반도체 양쪽에 전극 단자를 만들고 단자 간에 전압을 가하면 전류가 흘러 PN접합 부근에서 빛을 방출하는 소자를 말한다. 이러한 LED의 시조는 1923년에 탄화규소(SiC) 재료에서 직류전류를 흘렸을 때에 발광했던 최초의 물질로 보고되고 있다.

그러나 이 당시는 SiC의 성장이 대단히 어려웠고, 또한 다루기도 쉽지 않았기 때문에 그 후에는 진전되지는 않았다. 이후 1952년에는 Si과 Ge의 반도체 PN접합에서 발광이 처음 보고가 되었고, 또한 GaP와 같은 III-V의 화합물 반도체가 LED재료로 처음으로 제안되기도 하였다.

1955년에는 GaP 단결정을 성장시켜서 점접촉의 전극에 의해 오렌지 발광을 관측하게 되었다. 실제적인 연구는 1960년대에 많이 이루어졌는데, 1962년에는 GE에서 현재와 같은 반도체 LED를 개발하였고, 1968년에는 GaAsP의 3원계 화합물로 된 적색 LED가 양산되어 미국에서 상용화되었다.

LED가 처음으로 사용 된 곳은 우주선 내의 표시 램프가 최초라고 말하고 있다. 이것은 백열전구에 비해 필라멘트가 없고, 내진동성이 우수하고, 신뢰성이 매우 높은 점, 또 작은 전류로 점등하고 동시에 발열이 매우 작은 점 등의 특징을 유효하게 활용하기 위하여 사용되어 왔다.

1970년대 전반까지는 실내에서 사용되는 표시기용으로 사용이 국한되었는데, 이 사이 반도체 기술이 실리콘을 중심으로 현저하게 진보되어 저전력화, 소형화, 집적화가 진척되었고, 이것의 기본적 기술력이 화합물 반도체에도 응용전개된 결과 LED 관련 기술을 약진시키는 원동력으로 작용하게 되었다. 특히 화합물 반도체인 GaAs와 GaP 등의 단결정 성장기술이 현저하게 발달되어 고품위 기판 양산 기술이 확보된 것이다.

사실상 1980년대 초까지만 하더라도 LED의 에너지 변환효율이 1% 수준에 머물러 있던 LED가 1980년대 후반에 접어들면서 에너지 변환효율이 색 필터를 붙인 백열전구보다 높은 수준을 이루게 되어 AlGaAs 기술을 이용한 고휘도 적색 LED의 출현이 이루어졌다. 이때부터 LED가 자동차의 브레이크등이나 미등, 적색 신호등 등에 사용되었다.

1992년에서부터는 AlGaAs 기술보다 훨씬 휘도를 높일 수 있고, 신뢰성을 확보할 수 있는 InGaAlP 기술이 개발됨으로써 초고휘도 적색 및 주황색 LED이 상용화되기 시작하였다. 사실상 이때부터 LED 교통신호기의 보급의 혁명이 시작되었다고 볼 수가 있다.

1993년말에는 일본의 니치아 화학에서 InGaN 고휘도 청색 LED가 개발되었고, 1995년에는 고휘도 녹색 LED가 개발됨으로써 오랜 숙원이었던 빛의 삼원색인 적색, 청색, 녹색 LED가 등장하게 되었다. 1996년에는 청색 LED에 형광물질을 첨가시켜서 구현한 백색 LED가 개발되었고, 2000년도에는 LED의 성능지수가 형광등보다도 훨씬 좋은 100 lm/W를 능가하는 적색 LED가 개발됨으로써 반도체 조명의 시대가 도래를 예고하게 되었다.

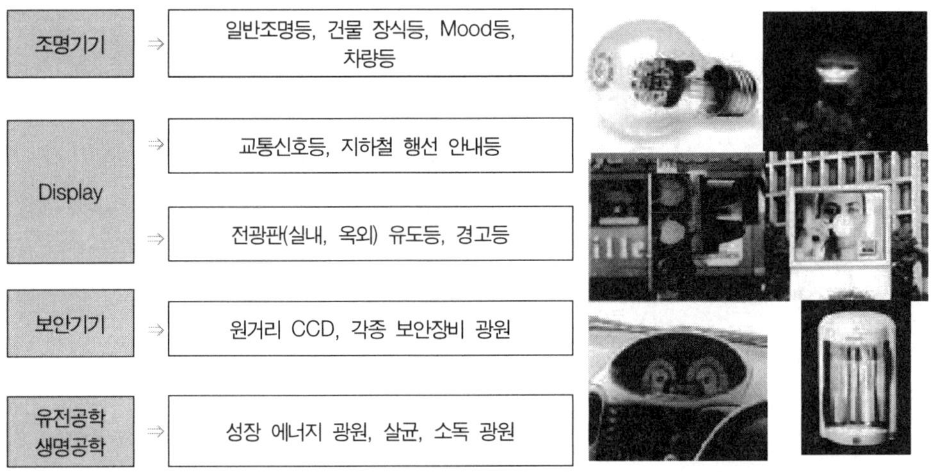

[그림 1-2] LED의 응용

4. LED의 원리 및 LED용 반도체 재료

가. 기술의 개요 및 특성

발광 다이오드, 즉 LED는 기본적으로 반도체 PN접합 다이오드이다. 실리콘 PN접합이 전자정보 혁명의 주역이었다면, Ⅲ-Ⅴ족 화합물 반도체 PN접합은 빛 혁명의 주역이다. Ⅲ-Ⅴ족 화합물 반도체는 원소의 주기율표상에서 Ⅲ족과 Ⅴ족의 원소가 화합하여 만들어진 것으로, 발광효율이 거의 100%에 가까워 물질개발 초기부터 LED나 다이오드 레이저 등 발광소자에 널리 응용되어 광통신 혁명의 주역이 되었다. 또, 전자의 이동속도가 높고 고온 동작이 가능하여 고속, 고전력 전자소자에도 널리 사용되고 있다.

특히, Ⅲ족과 Ⅴ족의 여러 원소를 혼합함으로써 매우 다양한 물질 조성과 특성의 반도체를 만들 수 있다. 실리콘에서는 찾아볼 수 없는 Ⅲ-Ⅴ족 화합물 반도체 고유의 특성을 활용함으로써 LED나 다이오드 레이저에서 나오는 빛의 파장을 적외선, 가시광선에서 자외선에 이르는 넓은 영역에 걸쳐 있게 할 수 있다.

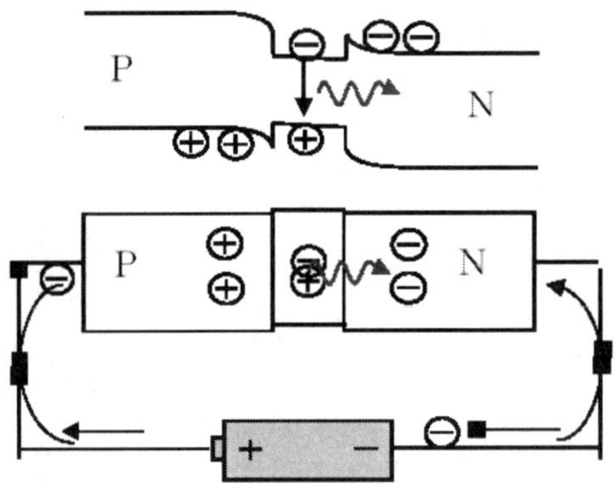

[그림 1-3] 반도체 PN접합에서 빛이 나오는 원리

PN 반도체를 [그림 1-3]과 같이 붙여 놓고 전압을 가해 주면 P형 반도체의 정공은 N형 반도체 쪽으로 가서 가운데 층으로 모인다. 이와는 반대로 N형 반도체의 전자는 P형 반도체 쪽으로 가서 전도대(Conduction band)의 가장 낮은 곳인 가운데층으로 모인다. 이 전자들은 가전대(Valence band)의 빈자리(정공)로 자연스럽게 떨어지며, 이때 전도대와 가전대의 높이 차이, 즉 에너지 갭(Energy gap)에 해당하는 만큼의 에너지를 발산하는데, 이 에너지가 빛의 형태로 방출되면 LED가 된다.

여기서 나오는 빛은 백열전구의 필라멘트처럼 뜨거운 물체에서 나오는 백열과는 달리, 전자가 가지고 있던 에너지가 빛으로 변환되는 것뿐이므로 뜨거워지지 않고도 나오는 냉광이다. 또한 백열은 아주 넓은 파장 대역의 빛이 동시에 나오는 데 비하여 LED 빛은 전도대와 가전대 사이의 에너지 차이에 해당하는 좁은 파장 영역의 빛만 나온다.

나. LED 반도체 재료 및 성장기술

(1) LED 반도체 재료

LED의 재료는 직접천이(Direct transition)형과 간접천이형의 반도체로 구별할 수 있다. 반도체 에너지 구조에서 전도대의 전자가 가전대의 정공과 결합할 때 에너지를 방출하게 되는데, 이 에너지는 주로 열이나 빛의 형태로 방출된다. 간접천이형은 열과 진동으로 수평천이가 포함되어 있어서 효율 좋은 발광천이를 이루기에는 부적당하고, 직접천이형은 모두 발광으로 이루어지기 때문에 LED 재료로 좋은 재료라 할 수 있다. 따라서 수직천이가 일어나는 에너지 폭은 반도체 결정구조의 고유한 특성인 에너지 갭에 따라 결정된다. 일반적으로 다음과 같은 관계식을 사용하여 에너지 갭과 발광파장과의 관계를 표현한다.

$$\lambda = \frac{hC}{E_g} \simeq \frac{1240}{E_g}\ [\mathrm{nm}] \tag{1-1}$$

단, λ는 발광파장(nm), h는 Plank 상수, C는 광속도, E_g는 반도체의 에너지 갭[eV]이다. 한편 발광하고자 하는 영역에서 직접천이형 반도체 결정이 존재하지 않았던 LED 발전 초창기에는 간접천이형 반도체에 특별한 불순물을 첨가하여 발광파장을 어느 정도 변화시켜 발광영역을 맞추어 왔다.

그러나 고휘도 LED를 구현하기 위해서는 직접천이형 반도체의 사용이 필수적으로 Ⅲ-Ⅵ족 화합물 반도체가 이에 해당한다. [그림 1-4]에 화합물 반도체의 에너지 갭에 따라 어떤 파장의 빛이 나오는지를 나타냈다.

적색 LED의 경우에 GaAlAs은 GaAs 기판 위에 GaAlAs를 성장한 이종접합 적색 LED가 일본에서 발표된 이래 주로 일본을 중심으로 연구가 이루어졌고, 고휘도 LED의 실현도 GaAlAs 재료에서 먼저 이루어졌다. 최근에는 InGaA1P와 같은 4원계 조성의 화합물 반도체 박막성장기술 발달에 따라 백열전구보다 높은 조명효율을 갖게 되었다.

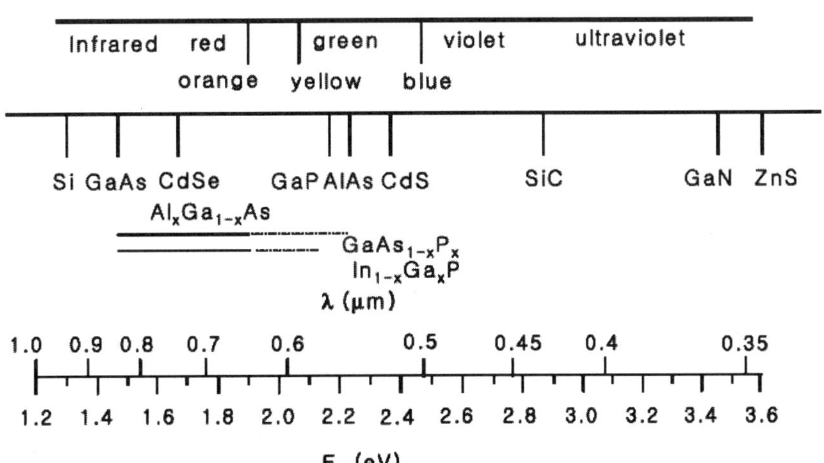

[그림 1-4] 화합물 반도체의 에너지 갭에 따른 파장

녹색 LED의 경우에는 A1P와 GaP가 좋지만 AlP는 가장 산화하기 쉬운 원소로 A1P는 공기 중에 존재하기가 어렵다. 따라서 이 발광영역에서는 처음부터 GaP 중심으로 구현되어 왔다. 그러나 어느 쪽의 물질이건 간접천이형 반도체이기 때문에 발광효율을 비약적으로 향상시키기에는 어려웠다. 또한 순녹색의 발광도 얻을 수 없었으나, 추후 InGaN의 박막성장이 성공함에 따라 고휘도 녹색 LED의 구현이 가능하게 되었다.

청색 LED는 가장 실현하기 어려웠던 색으로 처음에는 SiC, ZnSe, GaN 등의 세 가지 물질이 경합을 벌였다. 그러나 SiC는 간접천이형 물질이고, ZnSe나 GaN는 직접천이형 반도체로 SiC는 고휘도 LED 구현에는 적합하지 않은 물질로 판명되었다. II-IV족인 ZnSe에서는 ZnSe 기판을 이용하여 ZnTe, CdS 등과의 다원계 박막성장을 통해 고휘도 청색 및 녹색 LED를 구현하고 있으나, 모재의 신뢰성이 떨어져 다소 문제점을 보이고 있는 실정이다. GaN의 경우에는 In의 조성비에 따라 적색에서 near UV까지 발광할 수 있는 InGaN 박막성장이 가능함에 따라 고휘도 청색 및 녹색 LED의 출현이 가능하게 되었다.

이 밖에 실제 LED 사용에서 위에 기술된 삼원색 외에 황색, 등색 등의 중간색이 필요한데, 이 등색에 관하여 사용되고 있는 결정으로 처음에는 GaP에 다량의 N을 첨가하는 것과 GaAs1-XPX에서 X가 큰 결정을 사용할 수 있는 두 가지 방법이 있었다. 그러나 두 가지 물질 다 간접천이형 반도체로 고위도 LED 실용화에는 문제점이 있는 것으로 알려져 있다.

(2) 성장기술

반도체 결정성장기술은 반도체 발광소자를 제조하는 핵심기술로 액상성장법(LPE : Liquid Phase Epitaxy), 기상성장법(VPE : Vapor Phase Epitaxy), 유기금속화학 기상증착법(MOCVD : Metal Organic Chemical Vapor Deposition) 및 분자빔성장법(MBE : Molecular Beam Epitaxy) 등이 사용되고 있다.

① 액상성장법은 GaAs, Gap를 성장하는 경우에는 고순도 수소 분위기의 성장로에서 Ga, In, Sn, Bi 등의 낮은 용융점 금속을 용매로 하고, 이것에 석출물질(GaAs, GaP)을 녹이고, 온도차를 준 용매의 고온 측에 원료결정을

놓고 저온 측에 기판결정을 놓아서 용해도가 높은 측에서 낮은 측으로 결정재료의 확산을 일으켜, 원료결정에서 기판 위로 박막성장이 가능하게 한다. 성장속도는 기판과 용질 간의 온도차에 의해 결정된다. 주로 GaAs, Gap LED 생산에 사용한다.

② 기상성장법은 가스 공급부에서 성장시킬 혼합결정에 해당하는 각 원소 가스를 증기의 형태로 수송하여 기판 위에서 열분해와 반응을 시켜서 박막성장을 시키는 방법이다. GaSa 성장에는 Ga/AsC13, GaP의 경우 Ga/PC13계가 사용되고 있다. 이 방법은 각 원소의 유량과 분압의 제어가 어렵지만 비교적 재현성이 좋은 성장층을 얻을 수 있기 때문에 GaAsP 결정성장에 주로 사용된다.

③ 유기금속화학 기상증착법은 Ⅲ족의 유기금속 화합물인 휘발성의 알킬 화합물과 V족의 수소 화합물을 원료로 기상 열반응을 시켜 Ⅲ-V족 화합물을 생성하는 것이다. 고휘도 LED 생산의 경우에는 이와 같은 방법을 사용하고 있다.

④ 분자빔성장법은 일종의 진공증착법인데, 증발하는 Ga 및 As의 분자선의 양을 매우 정밀하게 제어하면서 기판 위에 박막을 성장시키는 방법이다. 종래에는 LED 제작을 위해 대부분 액상성장법을 사용하고, 특수한 경우에만 기상성장법을 사용하였다. 그러나 유기금속화학 기상증착법 기술이 발달함에 따라 박막 두께, 조성비 및 박막특성 제어가 양호하여 이런 방법을 사용하여 자외선부터 가시광선, 적외선까지의 발광 다이오드 램프의 양산이 시작되었다. 발광 다이오드의 대표적인 재료와 파장 및 성장방법을 주요 색상별로 〈표 1-1〉에 나타냈다.

〈표 1-1〉 LED의 대표적인 재료, 파장 및 성장방법

색	기존의 발광소자			새로운 발광소자		
	재료	파장[nm]	제조기술	재료	파장[nm]	제조기술
적색	AlGaAs	660	LPE	AlGaInP	644	MOCVD
주황색	GaAsP	610	VPE	AlGaInP	612	
황색	GaAsP	585	LPE	AlGaInP	590	
녹색	GaP GaP	570 555	LPE LPE	AlGaInP InGaN	562,574 525	
청색				InGaN	450	
자외선				InGaAlN	〈 350	

제 2 절
LED 제조기술

1. 조명용 백색 LED 구조와 제작방법

가. 백색 LED 구현방법

일반 조명으로의 응용을 위해서는 우선 LED를 이용한 백색광을 얻어야 한다. 백색 LED를 구현하는 방법은 크게 3가지로 나뉜다.

첫째는 빛의 삼원색인 적색, 녹색, 청색을 내는 3개의 LED를 조합하여 백색을 구현하는 방법이다. 이 방법은 하나의 백색광원을 만드는데 3개의 LED를 사용해야 하며, 각각의 LED를 제어해야 하는 기술이 개발되어야 한다.

둘째는 청색 LED를 광원으로 사용하여 황색 형광체를 여기시킴으로써 백색을 구현하는 방법을 들 수 있는데, 이 방법은 발광효율이 우수한 반면, Color Rendering Index(CRI)가 낮으며, 전류밀도에 따라 CRI가 변하는 특징이 있기 때문에 태양광에 가까운 백색광을 얻기 위해서는 많은 연구가 필요하다.

마지막으로 자외선 발광 LED를 광원으로 이용하여 삼원색 형광체를 여기시켜 백색을 만드는 방법이다. 이 방법은 고전류하에서의 사용이 가능하며 색감이 우수하여 가장 활발하게 연구가 진행중이다.

나. 질화물 반도체 청색, UV LED 성장

위에서 소개한 바와 같이 백색 LED를 구현하기 위해서는 형광물질을 여기시키는 청색 또는 UV LED가 반드시 필요하다. 이 부분에서는 질화물 반도체 청색 및 UV LED의 성장에 관해 소개하고자 한다.

질화물계 반도체를 이용한 LED 구조는 주로 유기금속 화학기상증착법(MOCVD : Metalorganic Chemical Vapor Depoon)을 사용하여 성장한다. GaN

의 경우에는 동종 기판이 없기 때문에 주로 사파이어나 SiC 위에 성장된다. 우선 기판 위에 약 20~30nm 정도의 버퍼를 성장하고 그 위에 2~4μm 정도의 N형 GaN(N-GaN)를 성장한다. N-GaN 성장시 도너로서 Si을 도핑한다.

빛을 발산하는 활성층(active layer)은 InGaN층을 우물(well)로 하고, 벽층(barrier layer)으로 (Al)GaN층을 성장함으로써 이루어진다. 청색 LED에서는 InGaN/GaN 다중 양자 우물 구조, UV LED에서는 GaN/AlGaN, InAlGaN/InAlGaN, InGaN/AlGaN 다중 양자 우물 구조가 사용되고 있는데, 이러한 활성층에 대한 연구중, In 또는 Al의 조성비율을 변화시킴으로써 빛의 파장을 조절하거나, 활성층 내의 양자 우물의 깊이, 활성층의 수, 두께를 변화시킴으로써 LED의 내부 양자효율(η_i)을 향상시키고자 하는 연구가 활발히 진행중이다.

특히, UV LED 개발에 있어서 375nm 이하의 UV 파장에서는 LED의 효율이 급격히 감소하는데, 이를 위해 활성층에 대한 응력 및 전위 밀도를 감소시키는 것이 크게 요구되고 있는 실정이다. 활성층을 중심으로 위, 아래에 캐리어 구속(Carrier confinement)효과를 증가시키기 위해 N형, P형 AlGaN/ GaN 초격자층(Superlattice)을 삽입한다. AlGaN/GaN 초격자층 위에는 억셉터 역할을 하는 Mg을 도핑하여 P형 GaN층이 형성된다.

다. LED 소자 제작공정

MOCVD 방법은 성장된 wafer를 이용한 실제 LED 소자를 구현하는 소자 제작 공정을 [그림 1-5]에 나타내었다.

가장 먼저 Photolithography법을 이용하여 Wafer 위에 소자 영역을 정의한다. 그 후, 단위 발광소자를 전기적으로 절연시키기 위하여 단위 소자와 단위 소자 사이를 기판까지 식각한다. 에칭 공정이 끝난 후 P형 GaN 박막의 Mg 억셉터(acceptor)를 전기적으로 활성화시키기 위하여 850℃에서 열처리를 실시한다.

이 열처리를 통하여 농도가 2~3×1017cm^{3}인 P형 박막을 얻는다. 측면 전류주입방식으로 제작되는 LED 구조의 두 전극 중 N형 전극을 형성시키기 위하여 dry 에칭 방법을 사용하여 소자 구조 중 가장 위쪽에 있는 P형 GaN에서부터 N-GaN층의 일부분까지 식각한다.

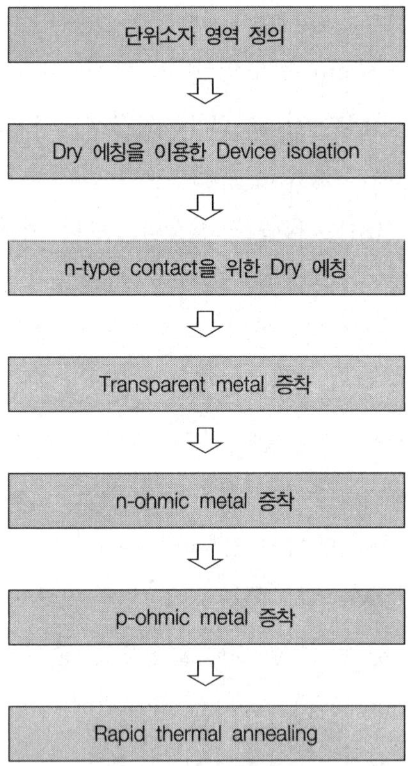

[그림 1-5] LED 소자 제작공정

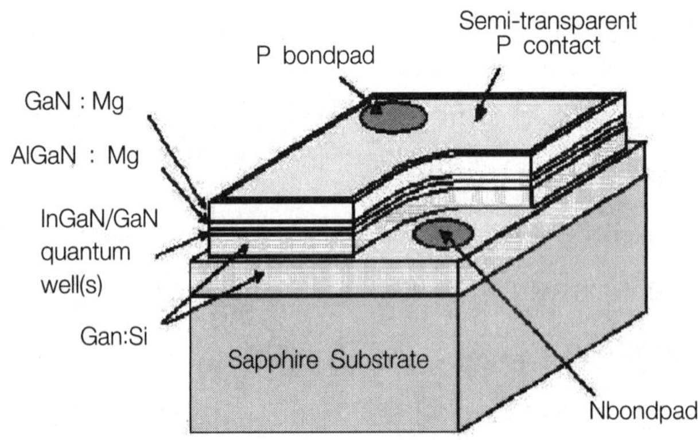

[그림 1-6] Top-emitting 방식 LED

식각이 끝난 후 Photolithography를 이용하여 패턴을 형성하고 전자빔 증착법을 사용하여 Ti/Al을 증착하여 N형 전극을 형성한다. P형 전극형성 전단계로서 Ni/Au 투명전극을 형성한 후 와이어 접촉용 전극을 형성한다. 전극으로 사용할 금속들의 증착이 끝난 후 금속과 반도체 간의 계면 특성 및 전기적 특성을 향상시키기 위해 급속 열처리 공정(Rapid thermal annealing process)을 이용하여 500℃에서 열처리를 실시한다.

이와 같은 공정을 거쳐 제작된 청색 또는 UV LED chip을 [그림 1-6]에 나타내었으며, N-bondpad와 P-bondpad에 전압을 인가함으로써 LED가 전계발광(Electroluminescence)을 하게 된다.

라. Die design

일반 조명용을 위한 고출력 백색 LED 발광소자를 얻기 위해서는 높은 발광효율, 소자 크기, 낮은 열저항 등을 고려하여 소자를 제작해야 한다. 위의 조건을 고려하여 등장한 새로운 방식의 발광소자가 플립칩(Flipchip) 방식을 이용한 발광소자로서 플립칩 방식을 이용한 발광소자는 기판인 사파이어를 통해 빛이 나오게 된다.

빛의 추출효율(Extraction efficiency)을 살펴보면 기존 발광소자의 위쪽으로 빛을 내는 방식은 빛이 발광층에서 위쪽으로 나오는 동안 투명 금속이나 결합패드(Bonding pad), 전극 연결부에 의해 흡수되어 빛의 손실이 크다. 따라서, 고출력의 발광소자를 만들기 위해서는 소자의 크기가 커져야 하지만, 위쪽으로 빛을 내는 방식에서는 P쪽 투명전극부의 높은 저항으로 인해 전류 퍼짐이 좋지 않아서 소자 전체가 발광에 기여하지 못하게 되므로 소자의 크기에 한계가 존재한다.

그러나 플립칩 방식에서는 사파이어 쪽으로 빛을 나오게 함으로써 금속 접촉부나 결합 패드, 전극 연결부에서의 손실을 최대한 줄일 수 있다. 또한, 두꺼운 P 쪽 금속을 사용하여 전류 퍼짐 현상이 좋아지게 되어 낮은 순방향 전압을 제공하고 또한 P 쪽 위에 반사율이 좋은 금속을 삽입함으로써 아래쪽으로 진행하는 빛을 사파이어 쪽으로 대부분 반사시켜 빛의 추출효율을 좋게 한다.

고출력 발광소자는 주입 전류가 커질 때 많은 열이 발생하므로 이 또한 고려해 주어야 한다. 기존의 위쪽으로 빛을 내는 방식의 발광소자에서는 열 저항이 300℃/W보다 플립칩 구조에서는 두꺼운 P 쪽 금속을 이용하고 또한 실리콘 서브마운트에 칩이 연결되어 있으므로 열을 잘 제거할 수 있게 되고, 따라서 저항이 크게 감소되므로 20배 작은 15℃/W가 된다. 그러므로 현재 1W의 입력 전력으로 25lm를 내는 기존 백색 발광소자에 비해 플립칩을 이용한 구조는 20배의 전력을 더 인가할 수 있고 따라서 0.5klm 이상의 빛을 낼 수가 있다.

따라서 플립칩의 경우 높은 빛의 추출효율과 높은 전력인가, 낮은 열저항의 우수한 특성 때문에 현재 백색 발광소자는 주로 플립칩 형태로 연구되고 있으며, 고출력, 고효율 백색 발광소자를 구현하기 위해서 소자의 구조, 방열, 패키지 구조, 형광물질의 효율 등 다양한 측면에서 활발히 연구되고 있다.

제 3 절
고휘도 LED 기술

1. 고휘도 LED 기술

가. LED 발전 개요

LED의 실제적인 연구는 1960년대에 많이 이루어졌는데, 1962년에는 GE에서 현재와 같은 반도체 LED를 개발하였고, 1968년에는 GaAsPDML 3원계 화합물로 된 적색 LED가 몬산토사에서 양산되어 상용화되었다.

LED가 처음 사용된 곳은 우주선 내의 표시 램프가 최초라고 한다. 이것은 백열전구에 비해 필라멘트가 없고, 내진동성이 우수하고, 신뢰성이 매우 높은 점, 또 작은 전류로 점등하고, 동시에 발열이 매우 작은 점 등의 특징을 유효하게 활용하기 위하여 사용되었다. 그 후 화합물 반도체인 GaAs와 GaP 등의 단결정 성장 기술이 현저하게 발달되어 고품위 기판 양산 기술을 확보하게 되었다.

1980년대 후반에 접어들면서 에너지 변환효율이 색 필터를 붙인 백열전구보다 높은 수준을 이루게 되어 A1GaAs 기술을 이용한 고휘도 적색 LEDDML 출현이 이루어졌다. 이때부터 LED가 자동차의 브레이크 등이나 미등, 적색 신호등 등에 사용되었다.

1992년부터는 A1GaAs 기술보다 훨씬 휘도를 높일 수 있고, 신뢰성을 확보할 수 있는 A1GaInP 기술이 개발됨으로써 초고휘도 적색 및 주황색 LED가 상용화되기 시작하였다. 사실상 이때부터 LED 교통신호기의 보급혁명이 시작되었다.

1993년 말에는 일본의 니치아화학에서 InGaN 고휘도 청색 LED가 개발되었고, 1995년에는 고휘도 녹색 LED가 개발됨으로써 오랜 숙원이었던 빛의 삼원색인 적색, 청색, 녹색 LED가 등장하게 되었다. 1996년에는 청색 LED에 형광물질을 첨가시켜 구현한 백색 LED가 개발되었고, 2000년에는 LED DML 성능지수가 형광등보다 훨씬 좋은 100lm/W를 능가하는 고휘도 LED가 개발됨으로써 반도체 조명의 시대가 도래할 것을 예고하게 되었다.

나. 고휘도 LED 기술 요인

LED 성능지수의 향싱과 빛의 3원색을 이용하여 백색을 비롯한 총천연색을 만들 수 있다. LED 성능지수의 향상은 종래의 GaAsP, GaP, SiC와 같은 저발광효율의 초기 LED의 반도체 재료부터 AlGaAs, AlGaInP, AlInGaN의 고발광효율을 낼 수 있는 재료의 도입이 결정적인 원인이다.

또한 고품위 화합물 반도체의 성장이 가능함에 따라 원하는 에너지 밴드 갭, 최적화된 조성비, 불순물의 도핑된 정도를 정확하게 조절하여 복잡한 구조를 성장할 수 있기 때문에 가능하다. 고휘도 LED를 구현하기 위해서는 반도체 재료의 선택도 매우 중요하다.

2. 고휘도 LED의 광 및 전기적 특성

발광 다이오드(LED)의 가장 기본적인 광특성으로 가시광선 영역의 발광 다이오드(LED)에서는 광도[단위 : 칸델라(Candela, cd)]가 사용되며, 1cd는 555nm의 단색광을 방출하는 광원의 복사도가 단위입체각(Steradian)당 1/683W일 때 그 방향에 대한 광도를 나타낸다.

시감도, 즉 사람의 눈이 느끼는 밝기는 파장에 따라 1lumen 값이 결정되는데 555nm(1nm $=10^{-9}$) 파장의 녹색 빛은 683 lumen을 1로 기준으로 한다. 이때 470nm의 청색은 62 lumen으로 시감도가 0.1, 625nm의 적색은 219nm로 0.3 밖에 안된다. 가시광선 LED 성능을 판별하는 주된 평가요소는 발광효율(Luminous Efficiency)로, Watt당 Lumens(lm/W)로 표시된다.

[그림 1-7]은 입력전류와 광출력에 대한 관계를 보여주고 있다. 이상적인 LED에서는 내부 양자효율이 100%가 되어 Unity-slope를 가지게 되며, Unity-slope 라인을 점선으로 나타내었다. AlGaInP LED가 거의 Unity-slope 라인을 따라가는데 비해 녹색 LED는 높은 In 함유량을 가진 InGaN층의 불완전한 품질로 인해 Unity-slope 라인에서 많은 차이를 보이고 있다.

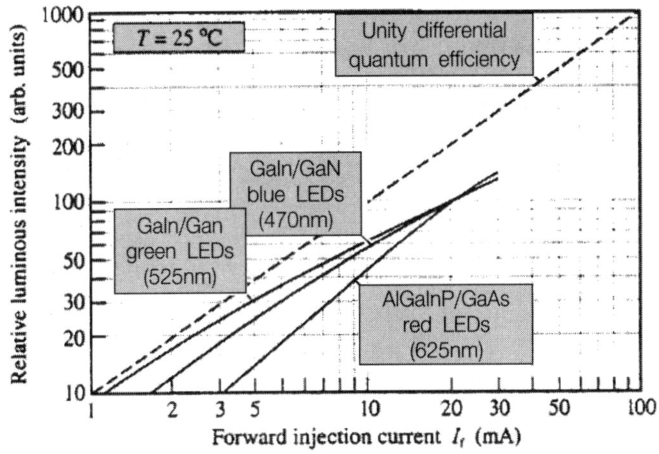

[그림 1-7] 입력전류와 광출력의 관계

3. 고휘도 LED 기술현황

가. AlInGaP LED

AlInGaP LED에서는 (AlXGa1-X) 0.5In 0.5P가 GaAs에 격자상수가 일치하고, Al의 조성비에 따라 에너지 밴드 갭을 1.9~2.26eV까지 조절할 수 있어 적색에서 노란색까지의 고휘도 LED를 구현할 수 있다. 그러나 AlInGaP 성장은 오직 유기금속화학 기상증착법에 의해서만 가능하다.

따라서 오직 유기금속화학 기상증착 기술만을 이용한 고휘도 구조의 경우에는 윗면 접촉층 아래에 전류차단층(Current blocking layer)을 성장하고, 아랫면에는 발광층과 흡수층인 GaAs 기판 사이에 DBR(Distibuted Bragg Reflector)를 성장시킨다. 이와 같이 구현된 LED의 발광효율은 590nm에서 26lm/W, 외부 양자효율이 5% 정도로 보고되고 있다.

나. InGaN LED

대부분의 GaN LED는 사파이어 기판 혹은 SiC 기판에 성장시키고 있는데 청색이나 녹색에 대해 기판의 흡수가 없이 위 파장에 대하여 투과하여 GaN LED

구현에 있어서 광적출효율을 높일 수 있다.

주로 유기금속화학 기상증착법에 의해 성장된 박막이 가장 좋은 특성을 나타내는 것으로 알려져 있는데 가시광 영역의 발광 다이오드 활성층으로는 InGaN이 쓰이고 있다. In의 조성에 따라서 밴드 갭 에너지가 결정되어 자외선에서 적색까지의 파장을 얻을 수 있게 된다.

그러나 실제로는 InGaN의 성장은 GaN보다 더 까다롭다고 할 수 있다. 이는 InN의 증기압이 GaN의 증기압보다 높기 때문이며, 또한 불용성 갭(Immiscibility gap)이 존재해 평형상태에서 Indml 일정량 이상이 GaN와 균일한 화합물을 형성하지 못하기 때문이다.

InGaN 성장이 어려운 또 다른 이유는 Indml 조성이 높아질수록 성장온도가 낮아지는데 이에 따라 NH_3의 열분해 효율이 떨어져 유리된 N의 공급이 충분하지 못할 수 있기 때문이다. 따라서 충분한 NH_3의 공급와 carrier flow의 조절이 고품질의 InGaN 박막을 얻는데 중요하다. 고휘도 LED를 구현하기 위해서는 InGaN 활성층의 품질확보가 가장 필수적이다.

다. 백색 LED

현재 전 세계적으로 활발하게 진행되고 있는 GaN 백색 LED의 제작방법은 모두 네 가지로 나눌 수 있다. 단일 칩 형태의 방법으로 청색이나 혹은 UV LED 칩 위에 형광물질을 결합하여 백색을 얻는 각각의 방법과 멀티 칩 형태로 두 개나 혹은 세 개의 LED칩을 서로 조합하여 백색을 얻는 두 가지 방법이 그것이다.

[그림 1-8]은 백색 LED를 구현하기 위한 각각의 제작방법들을 나타낸 것이다.

하나의 칩에 형광체를 접목시키는 방법은 1993년 후반에 들어서 고휘도 청색 LED의 상용화가 이루어짐에 따라 청색 LED를 여기광원으로 사용하고, 여기광을 YAG(Yttrium Aluminum Garnet)의 노란색(560nm)을 내는 형광물질을 통과시키는 형태의 백색 LED가 처음으로 등장하게 되었다.

최근에는 보색 관계를 갖는 2개의 LED를 결합하여 만드는 BCW(Binary Complementary White) LED가 출현하였다. 주황색과 청록색을 4대 1의 비율로 섞으면 백색광이 되는데, 앞에서 기술한 바와 같이 주황색에서 적색까지의 발광색을 조절할 수 있는 InGaAlP LED는 경우에 성능지수가 100 Lm/W를 초과함에 따라 현재 조합된 백색 LED의 조명효율이 형광등과 가까운 정도인데, LED의 조명효율이 빠른 속도로 높아지고 있는 추세에 비추어 보면, 몇 년 후면 형광등보다 높은 LED 조명등이 출현할 것이라고 전망된다.

〈표 1-2〉는 [그림 1-8]에 소개한 4가지 방법에 대한 장 · 단점을 비교하였다.

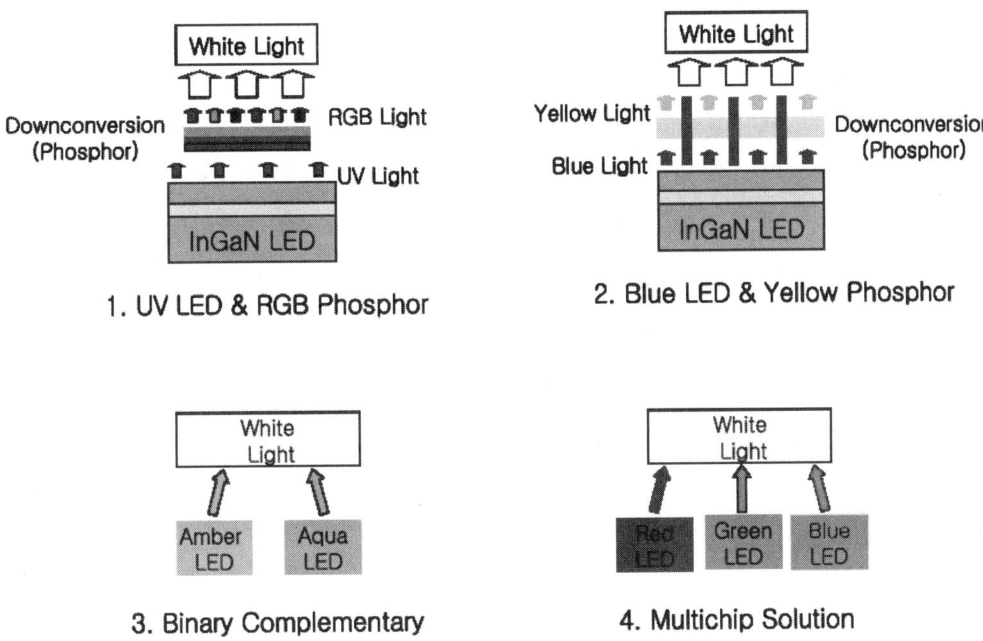

[그림 1-8] 백색 LED 구현기술 종류

〈표 1-2〉 제조방법에 따른 백색 LED 특성 비교

	Blue LED + phosphor	UV LED + RGB phosphor	Binary Complementary	RGB Multichip
Color rendering	Fair	Best	Fair	Good
Color stability	Good	Best	Fair	Fair
Lumens Maintenance	Fair	Unproven	Good	Good
Phosphor Material	Available	Under development	Not required	Not required
Efficiency	Fair	Best	Good	Good
Application	Backlight	White lamp	Task lighting	Displays

제 4 절

LED 측정 및 특성평가

1. 개 요

백색 LED가 조명으로 사용되기 위해서는 수천 lm(lm : 1칸델라의 광원에서 발하는 단위 입체각당 방출하는 광속) 이상의 광출력, 즉 고휘도, 고효율과 같은 특성뿐만 아니라 백색광의 질적 향상이 필요하다. 이러한 항목들을 조절하고 향상시키기 위한 백색 LED의 특성 분석법에 대해 알아보았다.

2. 발광효율의 측정

LED의 성능을 평가하는 요소 중의 하나가 효율이다. 여기서 효율이라 함은 제작된 소자에 전기적 에너지를 공급해 주었을 때 광에너지로 변환해 주는 정도를 나타낸다.

가. 외부 양자효율

외부 양자효율(External quantum efficiency, η_{ext})은 주입된 전하당 발광되는 Photon의 수를 나타낸다. 여기서 Photon은 자외선(UV), 가시광선(Visible), 적외선(IR) 영역에 상관없이 LED에서 방출되는 모든 Photon을 포함한다. LED의 외부 양자효율을 결정하기 위해서는 식 (1-1)을 따르며, $I-L$ 측정시 주입전류(I, Amphere)와 발광강도(S)를 측정해야 한다.

$$\eta_{ext} = \eta_{int} \times \eta_{extr} = \frac{\text{방출되는 광자수}}{\text{주입 전자수}}$$

$$= (\pi/\Omega)\frac{[S/R(\lambda)]/E_{ph}}{I/q} \tag{1-1}$$

여기서 η_{int} 은 내부 양자효율, η_{ext} 는 외부 양자효율, Ω 은 Solid angle [$\approx\pi$], S는 Photodiode의 Signal [A], $R(\lambda)$는 빛의 파장에서 Photodiode의 Responsivity [A/W], Eph는 광자에너지 [eV], I는 주입전류 [A], Q는 단위전하량이다. 현재 질화갈륨 LED의 경우, 외부 양자효율이 10% 내외에 머물고 있으나 조명용 LED구현을 위해서는 더 높은 외부 양자효율이 필요하다.

외부 양자효율이 내부 양자효율과 추출효율로 이루어져 있으므로 ($\eta_{ext} = \eta_{int} \times \eta_{extr}$), 높은 외부 양자효율을 얻기 위해서 질화물 반도체 내의 응력, 전위밀도, 활성층에 관한 연구를 통해 내부 양자효율을 증가시키려는 시도와 효과적인 전류주입, 기판 및 금속 전극의 patterning을 통한 광추출효율의 향상 등 외부 양자효율을 증가시키기 위한 노력이 병행되고 있다.

나. 조명효율

인간의 눈은 가시광 영역 (380~760nm)의 빛만 감지할 수 있고, 그 중에서도 파장이 555nm인 녹색을 가장 잘 느끼며 청색이나 적색에 대하여는 상대적으로 민감도가 떨어진다. 따라서, UV나 IR 영역의 빛을 발광하는 LED의 경우 외부 양자효율이 매우 높음에도 불구하고 인간의 눈으로 느끼는 빛의 세기는 낮게 인식된다.

이와 같이 가해준 전기적 에너지당 발광되는 임의의 Photons에 대해 visible effect를 고려해 준 것이 조명효율(Luminous Efficiency, η_L, (lm/W))이다. 조명용 백색 LED의 경우 100lm/W 이상의 조명효율을 요구한다. 조명효율은 다음과 같이 계산한다.

η_L=luminous flux/input electrial power

$$= 683\frac{\int_{380}^{760} P(\lambda)/\,V(\lambda)\,dx}{I\cdot V} \approx \left(\frac{\pi}{\Omega}\right)\cdot\frac{S(\lambda_{max})/R(\lambda_{max})}{I}\cdot\frac{638\,V(\lambda_{max})}{V}$$

$$= \eta_{ext}\cdot\frac{E_{ph}(\lambda_{max})}{V}\cdot K_{max} \qquad (1\text{-}2)$$

여기서 $K_{max} = 683(\lambda_{max})$

다. Wall-Plug Efficiency(%, W/W)

고휘도 조명용 LED를 구현하기 위해선 Wall-Plug Efficiency의 향상이 필수적이며 식 (1-3)과 같다.

$$\mathrm{WPE} = \frac{\text{Optical Power Output}}{\text{Electric Power Input}} = \frac{\eta \int^{\eta_{ext}} E_{\mathrm{ph}}}{V_f \cdot q} \tag{1-3}$$

여기서, η_{ext}는 추출효율(Extraction efficiency), V_f는 순전압, E_{ph}는 광자 에너지, q는 전하를 나타낸다.)

식 (1-4)에서 알 수 있듯이 WPE를 향상시키기 위해서는 낮은 순전압(V_f), 높은 추출효율(η_{ext})과 외부 양자효율, 그리고 낮은 시리즈 저항이 필수적이다.

3. 백색광의 특성 분석

가. CRI(Color Rendering Index)

CRI는 태양광을 사물에 조사했을 때와 기타 인공적으로 제작한 조명을 조사했을 때 사물의 색깔이 달라지는 정도를 나타내며, 사물의 색깔이 태양광에서와 같을 때 CRI값을 100으로 정의한다.

따라서, CRI란 인공조명 하에서 사물의 색상이 태양광을 조사했을 때와의 색상과 얼마나 근접한 지를 나타내는 지수로서 0이상 100까지의 수치를 갖는다. 다시 말해서, CRI가 100에 접근하는 백색 광원일수록 태양광 아래서 인간의 눈이 인식하는 사물의 색상과 별반 차이가 없는 색상을 느끼게 되는 것이다. CRI가 높은 백색광을 만들기 위해서 형광물질에 대한 연구가 전 세계적으로 활발히 진행중이다.

나. CCT(Correlated Color Temperature)

이상적인 흑체(Blackbody)가 방출하는 빛의 색은 플랑크의 복사법칙에 의해 온도에 의해서만 정해진다. 물체가 가시광선을 내며 빛나고 있을 때 그 색이 어떤 온도의 흑체가 복사하는 색과 같아 보일 경우 그 흑체의 온도와 물체의 온도가 같다고 보고 그 온도를 물체의 색온도라고 한다. 즉, 물체의 색온도는 같은 색광의 흑체의 온도(절대온도 K)로 표시된다.

가령 전구의 빛은 2,800K, 형광등의 빛은 4,500~6,500K, 정오의 태양빛은 5,400K, 흐린 날의 낮 빛은 6,500~7,000K, 맑은 날의 푸른 하늘빛은 1만 2,000~1만 8000K 정도의 색온도이다. 즉 같은 백색광이라도 CCT가 다른 것을 알 수 있다. 어떤 색의 CCT가 낮다는 것은 그 색이 좀 더 따뜻하게 느껴진다는 것을 의미하고(Warmer light, More yellow/Red), CCT가 높다는 것은 차게 느껴지는 색(Colder light, More blue)을 의미한다.

따라서, CCT를 조절함으로써 다양한 색감을 요구하는 특수 조명의 특성까지도 만족시킬 수 있게 되는 것이다. 또한, 소비자들에게 보다 친근하게 다가서기 위해서는 백색 LED의 CCT를 조절할 수 있는 제작기술이 필요하게 된다. 색온도의 측정법은 국제적으로 정해져 있으며, 적당한 색유리 필터와 표준 광원을 써서 측정한다.

제 2 장

조명이론

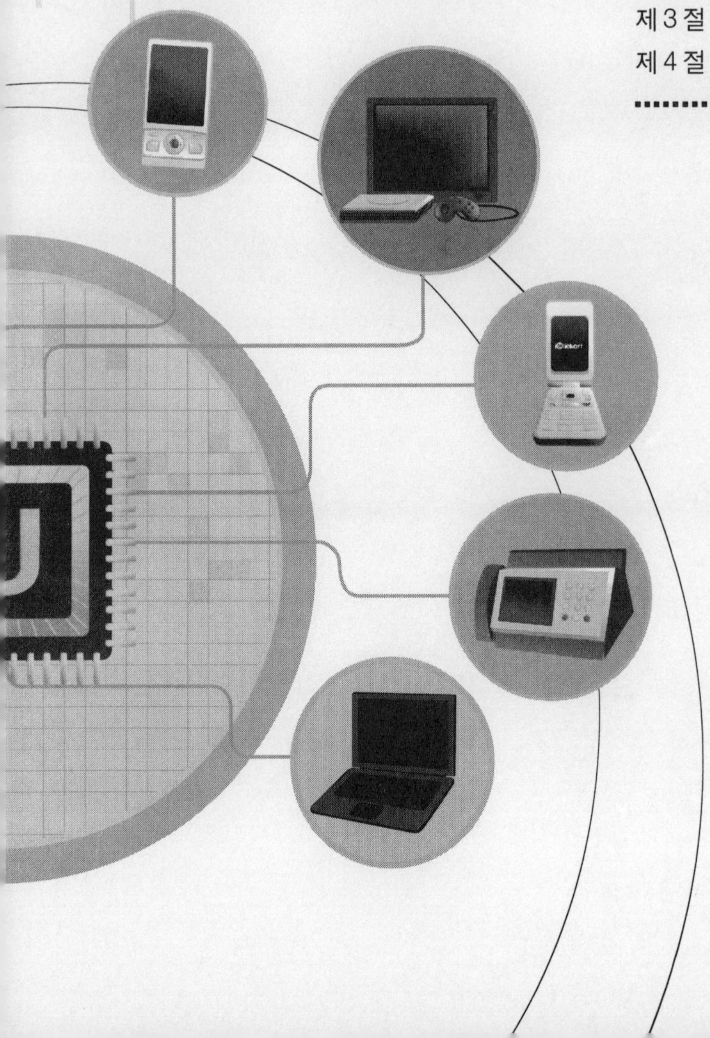

제 1 절
조명설계

1. 조명의 용어와 단위

가. 주요 조명 용어

- 광도 : 광원에 의해 발생되는 빛의 밝기. 단위는 Candela[cd]

$$I = \frac{F}{W}[\text{cd}] \tag{2-1}$$

- 광원의 효율 : 광원의 루멘수를 입력된 와트수로 나눈(lm/W) 조명효율
- 광선 : 장치물로부터 발생하는 원추형의 빛
- 광속 : 광원으로부터 나오는 모든 빛(가시광)의 총량 / 단위 : lm(루멘)
- 광색 : 모든 광원(백열등, 할로겐, 형광등 및 기타 등등)은 그 나름의 구별되는 파장의 무지개를 갖고 있으며, 무지개들은 각기 다른 크기의 색깔띠를 갖고 있다.
- 조도 : 조도란 물체의 표면에 들어오는 빛의 양으로, 눈에 들어오는 빛의 양은 아니다.

$$E = \frac{F}{A}[\text{lx}] \tag{2-2}$$

- 광속 발산도 : 실제로 눈에 보이는 밝기는 그 곳으로부터 반사되는 빛의 양에 의하여 정해지는 것으로 이것을 광속 발산도라고 한다. 단위 : M=조도에 반사율을 곱한 것 광속 발산도의 단위는 조도의 단위와 같이 표시할 수도 있겠지만 조도는 면에 입사하는 광속 밀도이고 광속 발산도는 면에서 발산하는 광속 밀도를 말한다. (간접조명시 사용) 그래서 [lm/m^2]을 래드럭스 [rlx]로 표시한다.

- 휘도(Luminance) : 입사 또는 반사에 의한 밝기 정도. 어떤 방향에서 보아도 휘도가 같은 면을 완전확산면이라고 한다.

$$B = \frac{I}{A\cos\theta}[\mathrm{nt}] \tag{2-3}$$

- 색온도(Color temperature) : 표준 흑체를 가열했을 때 흑체의 광색이 광원의 광색과 같을 때 그 흑체의 온도를 광원의 색온도로, 광원의 광색을 표시한다. 이는 조도와 관계로 빛의 쾌적함을 조절하며 고급조명에 사용된다. (단위 : K(캘빈))
- 일반적으로 색온도가 낮으면 오렌지색에 가까운 따뜻한 기운이 있는 빛으로 되고 색온도가 높아질수록 한낮의 태양광처럼 백색을 띠는 빛이 되고, 더욱 높아지면 청색에 가까운 시원스런 빛으로 된다.
- 연색성(Color rendering) : 인공조명은 사람의 눈이 사물의 색을 자연광 아래에서처럼 제대로 인식할 수 있도록 해야 한다. / 단위 : r(연색지수) 연색성이란 조명된 사물의 색재현 충실도를 나타내는 광원의 성질을 말하며 연색지수란 자연광에서 본 사물의 색과 특정 조명에서의 경우 어느 정도 유사한가를 수치로 나타낸 것이다.
- 배광곡선 : 광의 배치상태를 나타낸 곡선으로 수평 배광곡선과 수직 배광곡선이 있다.

나. 기타 조명용어

- 직접조명(Direct lighting) : 비추는 표면의 방향에서 대개 아래쪽으로 빛이 90~100%로 방사되는 방식
- 간접조명 : 벽이나 천정면으로부터 반사되어 나오는 빛을 이용한 조명
- 강조조명 : 시야의 한 부분으로 주의를 집중시키거나 사물을 강조하기 위한 조명
- 대비(Contrast) : 물체와 뒤 배경과의 광도의 차이
- 루멘(Lumenm, lm) : 광원의 발광량을 정하기 위해 사용되는 빛 에너지의 단위

- 룩스(Lux) : 조도란 물체의 표면에 들어오는 빛의 양으로 눈에 들어오는 빛의 양은 아니다.
- 명도(Value) : 색의 어둡고 밝음을 표현하는 것으로 순백을 100으로 순흑을 0으로 측정한다.
- 명시도 : 어떤 사물의 표면에 비추어진 빛의 반사율
- 반사(Reflector) : 어떤 사물에 비춰지는 빛이 반사되어 지각할 수 있는 사물은 그 사물의 색깔뿐만 아니라 재질의 상태에 따라 달라진다.
- 밝기(Brightness) : 눈에 도달하는 빛에 대한 주관적 느낌과 측정된 밝기와는 비례하지 않는다.
- 백열전구(Incandescent Lamp) : 필라멘트가 가열하여 빛을 발생시키는 전구
- 분광분포 : 모든 빛의 파장단위별 밀도(Energy)를 나타내는 것. 연색성을 중시하는 경우 가시광 전역에 걸쳐서 편차없이 균일한 빛의 밀도를 갖는 광원이 이상적인 광원이라고 말할 수 있다.
- 분산(Diffuse) : 빛을 광범위한 각도로 흩어지게 하는 속성을 가진 것 (예) 석회, 나무, 벽돌 등
- 삼파장 : 인간의 눈이 가장 잘 느낄 수 있는 파랑, 초록, 빨강 부근의 파장대의 빛
- 수은등(Mercury Lamp) : 수은증기의 복사열이 가시광을 발생시키는 고압방전등
- 안정기(Ballast) : 방전전구를 점등하거나 작동시키기 위하여 적절한 전압, 전류 및 파장형태의 조건을 부여하는 장치
- 유지율(MF : Maintenance Factor)－보상률 : 주어진 면적에 떨어지는 초기 광량에 대한 시간이 지난 후의 광량의 비율
- 잔상(After Image) : 어떤 사물에 비춰지는 빛이 반사되어 지각할 수 있는 사물은 그 사물의 색깔뿐만 아니라 재질의 상태에 따라 달라진다.
- 조명률(CU : Coefficient of Utilization) : 한 기구의 광원들로부터 방출되는 광속량과 작업면위에 도달하는 광속량의 비율

- 투과율(Brightness) : 입사광에 대한 투과광의 비율
- 투광기(Electric Discharge Lamp) : 렌즈와 거울에 의해 한정된 각도와 증감에 의해 빛을 집중하는 기구
- 형광(Fluorescence) : 자외선 에너지를 가시광선으로 전환하는 물질의 속성 형광등 안쪽벽에 칠해지고 형광 코팅은 자외선을 가시광선으로 전환시킨다.

2. 배광에 의한 분류

가. 직접(Direct) 조명

등기구에서 발산되는 광속의 90~100%를 어떤 물체(작업면)에 직접 비추어 투사시키는 방식. 조명률이 좋고 설비비가 저렴하여 경제적이기는 하지만 균일한 조도 분포가 어렵고 주위와의 심한 휘도 차이로 눈이 부시며 밝고 어두운 부분이 강한 대비를 이루어 그림자를 만든다.

그러므로 기구를 설치할 때는 고휘도 광원이나 광원과 배경과의 심한 휘도 차이 등의 눈부심이 작업자의 눈에 들어오지 않도록 적극 피하여야 하며 직사광이 직접 눈에 들어오는 것을 막기 위하여 15~25° 정도의 차광각이 필요하다.

나. 반직접(Semi-direct) 조명

광원을 감싸는 조명 기구에 의해 상하 모든 방향으로 빛이 확산된다. 60~90%의 광량이 직접 표면(작업면)을 향해 아래로 비추고 적은 양(10~40%)의 빛은 천장면으로 향하여 이 반사광이 작업면의 조도를 높인다. 그림자와 눈부심이 생기는 단점이 있다. 주로 일반 사무실이나 주택의 조명용으로 사용된다.

다. 간접(Indirect) 조명

발광체가 90~100%의 빛을 위쪽으로 비추고 있을 때 이를 간접 조명이라 하는데 광원을 어떤 물체에 비추어 그 반사광으로 조명하는 방식이다.

광원의 90~100%를 천장이나 벽에 투사하여 반사, 확산된 빛을 이용하기에 눈부심이 없고 조도 분포가 균일하나 조명의 효율이 적고 보수가 힘들어 비경제적이다. 그러나 천장과 윗벽부분은 밝은 색이어야 하며 빛이 잘 확산되도록 광택이 없는 마감이 되어야 한다. 대합실, 입원실, 회의실 등에 사용된다.

라. 반간접(Semi-indirect) 조명

빛의 일부가 직접 투사되고 나머지는 대부분(60~90%)은 반사되는 방식으로 조도의 균일성이 있고 그늘짐이 부드러우며 눈부심도 적다. 이 방식은 정밀한 작업을 오랫동안 하는 곳에 적당하다.

마. 전반 확산조명

전 방향으로 빛을 비추는 방식으로 직접 눈부심을 조절하기 위해서는 확산성 덮개가 커야 한다. 이러한 종류의 조명기구의 대부분은 유백색 유리나 플라스틱 및 아크릴의 외구형이다.

3. 조명설계

가. 좋은 조명의 요건

	실리적 조명	장식적 조명
• 조도(충분한 밝기)	25	5
• 광속 분포(밝음의 얼룩이 없는 것)	25	20
• 눈부심	10	0
• 그림자(그늘)	10	0
• 분광 분포(광색 좋을 것)	5	5
• 기분(심리적 효과)	5	20
• 미적 효과(등기구 배치, 용량 - 디자인)	10	40
• 경제성	10	10

나. 활동유형에 대한 분류

활동유형	조도분류	조도범위(lux)	참 고
• 어두운 분위기 중의 시식별 작업	A	3~4~6	공간의 전반조명
• 어두운 분위기 중의 간헐적 시작업	B	6~10~15	
• 어두운 분위기 중의 단순 시작업	C	15~50~30	
• 잠시 동안의 단순 시작업	D	30~40~60	
• 빈번하지 않은 시작업	E	60~100~150	
• 고휘도 대비 혹은 큰 물체 대상의 시작업	F	150~200~300	작업면 조명
• 일반휘도 대비 혹은 작은 물체 대상의 시작업	G	300~400~600	
• 저휘도 대비 혹은 매우 작은 물체의 시작업	H	600~1000~1500	
• 비교적 장시간 동안 저휘도 대비 혹은 매우 작은 물체 대상의 시작업	I	2000	전반 + 국부병한
• 장시간 동안 힘든 시작업 수행	J	4000	
• 휘도대비가 거의 안되며 매우 작은 물체의 시작업	K	10000	

4. 조명 계산법

가. 평균조도

일반적으로 조명서례의 계산은 건축도면에 나타나 있듯이 이 실내를 평균조도 몇 lx로 하는데 몇 개의 등이 필요할까 또는 그 반대로 실내에 몇 개의 등을 배열한 뒤 평균조도는 몇 lx로 될까를 산출하는 것에 있다.

이 전반조명의 조명계산에는 광속법이 사용된다. 광속법이란 조명률, 즉 전체 광원에 의해 나오는 광속 중에 그 몇 %가 작업면 위에 입사하는 비율을 예상하고, 이것에 의해서 실내의 평균조도를 구하는 방법이다.

나. 조명률

조명률은 조명기구의 종류, 즉 배광에 따라서 다르다는 것은 물론 방의 구조, 실내면의 반사율에 따라서도 다르기 때문에 각 기구별로 실내의 사잇문, 안길이, 천정높이로 나타내는 방의 지수, 천정, 벽 및 바닥면의 반사율로 나타낸다.

이 조명률은 기구의 디자인, 배광에 따라서 여러 종류이고, 조명계산상 개략적인 수치를 이용하는 것은 위험하며 많은 품종의 디자인과 배광에 해당하는 조명률로 계산하는 것이 오차를 작게 하는 요소이다.

제 2 절
광 원

1. 광원에 따른 분류

가. 백열전구

(1) 일반형 전구

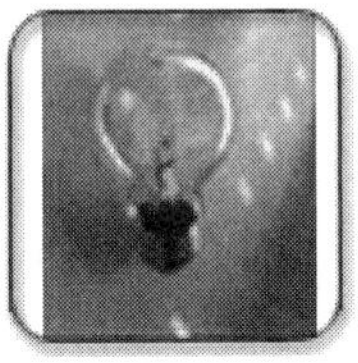

가장 일반적인 형태의 백열 램프로 보통 가정에서 흔히 쓰는 전구를 말한다. 밝은 빛을 위한 투명 전구와 눈부심과 그림자를 감소시키기 위해 여러 가지 색깔로 도장한 종류가 있다.

일반적으로 가정이나 상점 등에서 사용된다.

(2) 크립톤 전구

기존의 전구내부에 아르곤가스를 주입하던 방식 대신에 크립톤가스를 주입하는 방식으로 기존의 전구보다 필라멘트의 수명과 보온효과가 더 좋아진다는 것이 특징이다. 일반형과 비교해 같은 밝기라면 에너지가 절전되는 효과가 있고 수명은 두 배 정도 길다. 일반형 전구에 비해 크기가 작다. 일반형 전구를 대체해서 사용할 경우 경제적이고 효율적이기 때문에 일반가정, 상점 등에서 널리 사용된다.

(3) 소프트 전구

일반형 전구에 백색 또는 파스텔톤의 도장을 하여 부드러운 백색이나 온화한 파스텔톤 빛으로 빛을 분산하여 분위기 있는 실내조명을 창출, 일반형 전구에서 실내분위기를 위하여 쓰인다.

(4) 반사형 전구

전구의 머리부를 제외한 부분이 알루미늄 반사경으로 되어 있어서 등쪽의 빛을 반사하기 위한 반사갓이 필요없다. 집광성이 좋아서 기구효율이 높다. 주거공간이나 간판조명, 상점의 스포트 조명 반사경의 종류에 따라 식물, 채소 조명과 디스코텍, 나이트클럽의 조명으로도 사용된다.

(5) PAR형 전구

집광성이 아주 뛰어난 전구로 열선을 커트한 실드빔램프도 있다. 주택, 상점, 쇼윈도, 간판조명등의 스포트 조명으로 사용된다.

(6) 실버볼형 전구

유리전구의 헤드 부위에 알루미늄 반사 코팅이 되어 있어 직접조명에 의한 빛을 차단하고 눈부심을 없애서 간접 조명이나 집광조명용으로 사용된다. 상점, 호텔, 레스토랑, 극장 등에서 편안하고 은은한 분위기를 만드는 조명으로 사용된다.

(7) 볼형 전구

유리전구를 구형으로 확산한 것으로 백색볼 및 투명형이 있다. 특별한 등기구 없이도 인테리어 효과를 얻을 수 있으며 크립톤 전구를 이용한 크립톤 볼형 전구도 있다. 백색볼은 주로 주택이나 상점 등에서 부드러운 분위기를 얻기 위해서 사용하고 화려한 분위기를 얻고자 할 때는 투명볼을 사용한다.

(8) 촛대 전구

캔들램프라고 하며 투명형과 확산형, 크립톤 촛대전구가 있다. 주로 장식용 조명기구의 램프로 사용된다.

특히 샹들리에 제품에서 전구로 많이 사용되며 천장, 벽, 거실의 장식용 조명에 이상적이다.

(9) 기타 특수용 전구

용도가 특수한 램프들로서 주로 가정용보다는 산업용, 의료용, 농업용으로 쓰이는 전구들을 말한다. 곤충퇴치, 광산, 냉장고, 거울 등의 특수한 목적을 위해 사용된다.

나. 일반 형광 램프

(1) 직관 형광 램프

스타트 방식에 따라 글로우형과 래피트형으로 나뉘고 파장에 따라서는 3파장과 단파장 또는 5파장으로 나누어진다. 크기에 따라서 일반적으로 사용되는 관경 32mm 절전형인 26mm/16mm로 분류할 수 있다.

우리가 흔히 쓰는 형광등의 램프는 32mm 단파장 글로우 스타트이다. 방전램프로 광원이 뜨겁지 않으며 타 광원에 비해 연색성이 좋으며 또한 길다. 안정된 방전을 유지하기 위해서는 안정기가 필요하며, 글로우 스타트 방식은 점등까지 시간이 걸린다. 가장 많이 사용하는 형광 램프로 사무실, 가정, 공공장소, 상점 등에 널리 쓰인다.

(2) 환형 형광 램프

직관형광 램프와 특징이 같고 환형이기 때문에 배광이 균일하다. 관경에 따라 16mm/30mm로 분류한다. 가정, 사무실, 상점 등 장방형 및 원형의 조명기구에 널리 쓰인다.

(3) U형 형광 램프

경제적이고 공간 절약형인 초박형 램프이다.
사각형 모양의 등기구에 사용하면 적합하다.

다. 할로겐램프

(1) 싱글베이스

소형 경량으로 빛을 제어하기 쉽고 반사경 뒷면으로 빛이 새어 나오지 않는다. 수명이 다할 때까지 일정한 색온도를 유지하며 백열 램프와 대체할 수 있다. 용도에 따라 투명형과 불투명형이 있다.

(2) 더블베이스

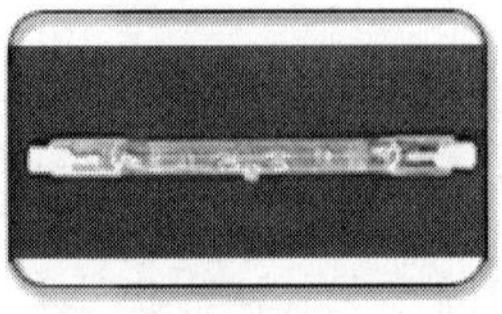

양쪽 끝에 베이스가 있는 쌍베이스이며, 많은 양의 광속이 발생한다. 빌딩 외곽, 판매장, 쇼윈도, 소규모 운동장의 실내 내외곽의 스포트 조명으로 사용된다.

(3) 반사경형

흔히 MR16이라고 하며, 다이크로닉 반사판이 반사경으로 쓰인다. 열이 많이 발생하지 않고 빛을 확산시키는 효과가 있으므로 열에 민감한 전시물의 조명에 적합하다. 백화점 쇼윈도우, 판매장, 박물관, 보석상, 전시장의 스포트 조명으로 사용된다.

(4) 핀형

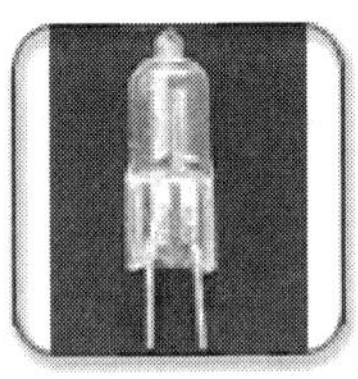

수정유리로 제조하여 앞면의 커버없이 자유로이 적용 가능하며 연색성이 좋다. 커버없는 등기구, 전시물의 하이라이트 액센트 조명으로 사용된다.

라. 삼파장 형광 램프

(1) 전구식 삼파장 형광 램프

원리는 일반형광 램프와 같으나 삼파장 또는 오파장이며, 안정기, 스위치 트랜지스터, 콘덴서 냉각판 등이 전구 속에 내장되어 크기가 작고 기존 형광등의 단점인 깜박거림, 어른거림, 잡음 등을 해소시켰다. 효율이 좋고, 밝고, 연색성이 뛰어나고 수명이 6,000~10,000시간으로 매우 길다. 기존의 백열 램프와 교체가 쉬워 근래에 많이 백열 램프 대용으로 사용되고 있다. 가정용, 산업용, 사무용 등 많은 곳에 널리 쓰이고 있다.

(2) 볼형 전구식 삼파장 형광 램프

기본 특징은 일반 삼파장 램프와 같고 다만, 외관상으로 장식적인 효과를 낼 수 있다. 장식적 효과가 뛰어나기 때문에 램프가 보이는 주거공간과 상업용의 레스토랑, 호텔 등의 고품격 유지가 필요한 장소에 사용된다.

(3) 플러그식 삼파장 형광 램프

전구식 삼파장 형광 램프와 달리 플러그식 삼파장 형광 램프는 전자안정기, 콘덴서 등이 내장되어 있기 때문에 안정된 방전을 위해선 안정기가 필요하다. 베이스만 맞는다면 어디든지 적용 가능하다. 주로 컴팩트형은 가정용, 사무실용으로 사용되며, 초단/초박형은 매입형 조명기구와 어울려서 주로 상업용으로 많이 사용된다.

마. 고압방전 램프(HID : High Intensity Discharge Lamp)

(1) 수은 램프

수은증기 중의 방전에 의한 발광을 이용한 것으로 전광속이 크고 수명이 길다. 종류로는 투명형, 형광수은 램프, 안정기 내장형 수은 램프가 있다. 안정기 내장형 수은 램프는 필라멘트를 안정기 대신에 외관 내에 선을 연결하기 때문에 안정기가 필요없으므로 백열전구와 사용방식이 같아 사용하기 편리하다. 공장조명, 스포츠 조명, 투광조명, 도로조명 등으로 널리 사용된다.

(2) 메탈할라이드 램프

발광관 속에 발광물질로서 수은 이외에 각종 금속 할로겐 물질이 들어 있으므로 발광물질의 조합에 따라 다양한 빛을 얻을 수 있다. 백열 램프나 텅스텐 할로겐 램프는 필라멘트의 열에 의해서 빛이 생성된다. 텅스텐 필라멘트에 전류가 흐르면 열이 발생되어 대부분의 전기 에너지가 빛보다는 열로 전환되므로 효율이 떨어진다.

반면에 방전 램프는 전류가 이온 가스를 통과할 때 빛이 발생하며 특히 두 전극 사이에서 아크를 형성하는 메탈할라이드 램프는 메탈 화합물을 통과하면서 빛이 발생된다. 형태와 발광관에서 할로겐 물질의 종류에 따라 분류한다. 품위있는 일반조명, 쇼윈도우, 매장장식용, 박물관 화랑, 전시장, 복사용, 광화학용, 농업용, 어업용 등으로 사용된다.

(3) 고압 나트륨 램프

약 0.1기압의 높은 나트륨 증기 중의 방전에 의한 황백색의 빛을 발하고 광속이 일정하고 백색광원 중에서 가장 효율이 높다. 형태와 발광관내 봉입 물질에 따라 분류한다. 투광조명, 도로교통조명, 터널, 공장조명, 식물재배 및 산업시설의 내부 조명, 스포츠 조명 등으로 사용된다.

바. 저압방전 램프

(1) 저압 나트륨 램프

높은 조명효율을 가지며, 안개지역에서도 시야가 선명하다. 형태에 따라 분류한다.

간선도로, 터널, 주차장 등의 도로조명에 널리 사용된다.

(2) 나트륨 크세논램프

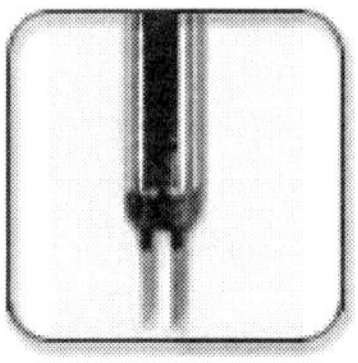

뛰어난 연색성과 수명이 다할 때까지 광색의 변화가 없다.

두 가지 광색으로 연출 가능하다. 투명형, 불투명 코팅형, 옥외용 등이 있다.

매장(벽면조명), 전시장, 한적한 도로, 광장, 산책로 등에 사용된다.

사. 특수 램프

(1) 적외선 램프

동물 성장촉진용 및 저온살균 및 식품가공에 사용된다.

(2) 치료용 적외선 램프

인간의 피부병 치료와 미용효과를 증진한다.

(3) 일반용 선탠 램프

피부보호와 갈색 피부를 만든다.

2. 조명기구별 분류

가. 샹들리에

샹들리에는 18세기 이전에도 쓰여지고 있었다. 광원으로는 기름이나 양초를 이용하다 백열전구가 발명되면서 샹들리에의 광원이 전구로 교체되고 지금도 고전적인 크리스털 샹들리에는 형태의 변화가 없이 쓰여지고 있다.

샹들리에는 인테리어 조명기구로 빛의 효율보다는 장식적인 성격이 강하므로, 실내디자인의 분위기나 여건에 따라 형태, 크기, 색, 소재 등을 신중히 검토한 후에 선택해야 하며 천장 높이에 따라 체인이나 파이프로 늘어뜨려 달고 공간에 따라 한 개 또는 조합의 형태로 구성될 수 있다.

대형 샹들리에는 많은 하중을 요하므로 천장내에 별도의 보강이 필요하며 에너지 절약을 위해 조광기 설치나 몇 회로의 분리가 필요하다. 샹들리에의 유행은 시대의 흐름에 따라 변화되어 새로운 모델이 제작되고 있으나, 중요한 것은 실내 디자인을 더욱 돋보이게 해줄 액세서리의 기능을 갖는다는 것이다.

나. 펜던트

용어적 의미로 본다면 매달려 있는 조명기구는 모두 펜던트라고 할 수 있으나 형태적 분류에서 보면 체인이나 전선, 파이프 등으로 매달려 있어 샹들리에와 같으나 샹들리에 보다는 단순한 갓형의 펜던트를 의미한다. 펜던트는 건축의 다양한 공간에 형태와 크기, 예측되는 배광의 형태를 고려하여 설정해야 한다.

식탁 등으로 사용할 때는 높낮이 조절기능이 있는 것이 편리하며 식탁에 앉아 램프의 눈부심이 없고 식탁 전체를 고루 조사할 수 있는 높이가 적당하다. 상업공간에서 쓰여질 때는 특정 부분의 국부조명으로 낮게 배열하는 경우도 있지만 대부분은 상향 광속이 없으므로 전반조명과 병용해 사용해야 한다.

특히 펜던트는 장식적인 의미로 많이 쓰여지는 기구로 너무 늘어뜨리거나 사람의 통행로에 설치해서는 안된다.

다. 실링라이트

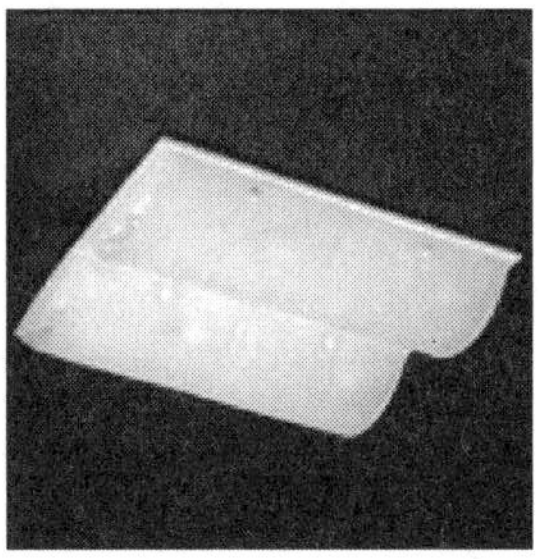

체인이나 파이프를 쓰지 않고 천장에 부착한 기구로 높은 위치에서 얼룩 없이 전체를 비춘다. 디자인, 크기가 여러 종류이므로 용도에 맞추어 선택해야 한다. 매입형(천장 표면으로 드러나지 않는 것)은 눈에 띄지 않아 천장이 깨끗해 보인다.

라. 브래킷

건축의 벽면이나 기둥에 부착되는 조명기구로 장식적인 성격이 강하고 부착면의 마감재나 인테리어의 디자인과 조화가 중요하며 필요에 따라 새롭게 제작하여 사용한다.

벽등은 대부분 반간접형의 배광을 가지고 있으나 특별한 효과를 위해서는 상향, 하향의 배광을 갖는 벽등을 사용하기도 한다. 이때에는 반드시 별도의 전방 조명기구와 병용해서 설치해야 강한 대비를 줄여 전체공간을 이끌 수 있다.

마. 스탠드

스탠드는 책상이나 바닥에 위치하므로 이동 가능한 구조이며 인테리어의 소품으로 많이 쓰인다. 스탠드의 기본형은 원추형 갓으로 램프의 광도를 상하로 직접 방사하고 전면은 눈부심 없이 부드러운 빛을 분산하는 형태이다.

그러나 실내장식의 유행이 바뀌고 다양한 기구 디자인이 나타나면서 완전 간접형의 상향 스탠드나 전반 확산형의 무드램프와 같은 형태의 변화를 가져왔다.

그러므로 보조 조명용으로 사용할 것인가 아니면 인테리어 소품으로 사용할 것인가 하는 목적을 정확히 정하고 선택하는 것이 중요하다.

바. 스포트 라이트

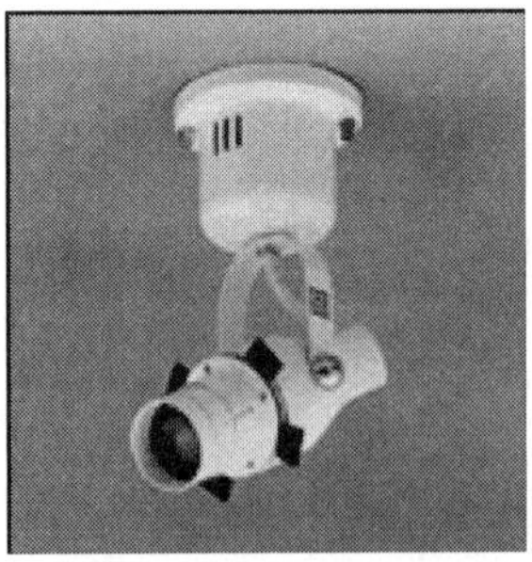

스포트 라이트는 조사각이 좁은 방향성의 조명기구를 의미한다. 그러나 통상적으로 기구의 독립개체로 천장에 부착되거나 트랙에 부착해서 사용하는 것을 스포트 라이트라 하고 있다.

스포트 라이트는 외형 디자인이 중요한 기구이며 연출하고자 하는 용도에 따라 램프의 광도나 빔각, 또는 반사경의 빔각을 고려하여 선택하여야 한다.

다양한 연출이 요구되는 무대조명의 경우는 렌즈에 의한 자유로운 각도의 조절 또는 컬러필터에 의한 문자나 패턴의 컬러변화로 빛의 환상적인 표현을 할 수 있다.

사. 다운 라이트

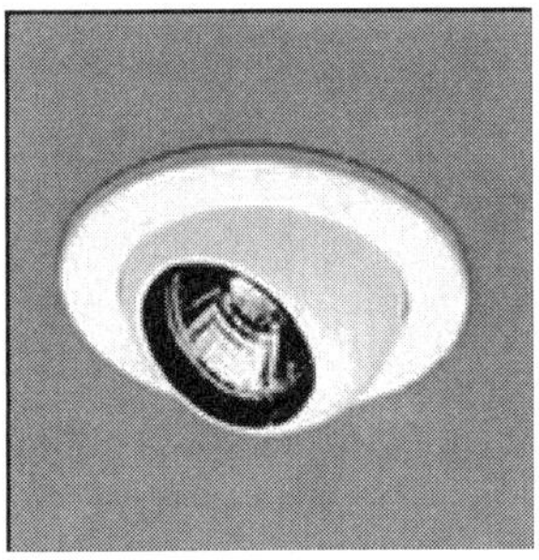

대부분 천장매입형으로 기구 노출이 거의 없이 천장면이 잘 정돈되어 보이는 것이 장점으로, 필요한 공간 연출계획에 따라 알맞은 기능의 기구선택과 배광 예측이 필수이며, 특수기능의 조명기구는 제조사에서 제시된 배광 데이터에 의해 거리, 간격 등을 꼭 지켜야 효과를 얻을 수 있다.

만약에 선택이 잘못되거나 위치를 이동해야 한다면 이미 천장은 손상되어 있어 수정하기가 쉽지 않으므로 다운라이트의 선택은 신중해야 한다. 다운 라이트는 기능과 용도에 따라 전반 조명용, 월워셔용, 다운 스포트 등으로 구분할 수 있다.

제3절
조명용 LED 기술

1. 조명용 LED

가. 기술의 개요

LED 광원은 처리속도, 전력소모, 수명 등에서 큰 장점이 있기 때문에 여러 가지 전자제품의 전자표시부품으로 사용되고 있으며, 빠른 기술개발과 성능향상으로 가격이 보다 저렴한 고휘도 제품들이 소개되면서 일반 조명 분야로의 응용이 급속히 확대되는 추세이다.

또한 기존 전구식의 광원 같이 눈이 부시거나 필라멘트가 단락되는 경우가 없는 LED는 소형으로 제작되어 각종 표시소자로 폭넓게 사용되고 있으며, 반영구적인 수명으로 그 유용성이 높다.

특히 청색 LED가 상용화됨으로써 LED의 풀 컬러 구현이 가능해지고, 가격도 크게 낮출 수 있게 되면서 제품의 활용도는 급속히 높아질 전망이다. 이러한 장점의 LED를 조명용으로 사용하기 위해서는 몇 가지 개선해야 할 문제점이 있다.

① LED를 다수 결합하여 만든 LED 조명제품은 단순히 LED를 조합하여 만들면 사용자에게 글레어(Glare)를 초래하여 눈에 피로감을 주게 된다. 따라서 조명제품으로의 응용을 위해서는 용도에 맞는 배광을 가질 수 있도록 적절한 렌즈 및 조명기구에 대한 기술개발이 이루어져야 한다.

② LED는 직류로 구동되기 때문에 현재 사용되는 백열전구와 같이 교류를 이용하여 점등할 수 없으므로, LED의 전기적 특성에 부합하는 절전형의 고효율 구동회로에 대한 기술개발이 수행되어야 한다. 이 외에도 LED 조명기구의 효율적인 보급을 위해서는 LED 조명제품에 성능평가 및 효과분석

을 통하여 건축물의 조명설계자에게 필요한 조명제품의 특성에 대한 자료를 공급할 수 있도록 데이터베이스화 등에 대한 기술축적이 이루어져야 한다.

나. 조명용 LED의 경제성

현재 상용화된 백색 LED 칩 하나에서 나오는 광속(luminous flux)은 20mA에서 약 1.5~2 lumen 정도 수준이다. 일반 조명시장에서 LED 조명이 사용되기 위해서는 100lumen 이상이 되어야 하는데 이를 위해서는 약 60개 정도 LED 칩의 조합이 필요하다.

가격 경쟁력을 고려하면 미국은 형광 램프가 1cent/ lumen 정도인데 반하여 현재의 LED는 50cent/lumen으로 약 50배 정도 비싸다. 수명이 길고 전력소모가 적어 유지 보수비를 고려한다면 LED 조명이 경제적이지만 구입 가격이 너무 높으면 시장 진입에 어려움이 있다.

[그림 2-1]에 기존 조명기구에 대한 백색 LED 전구의 가격 경쟁력을 비교하였다. 가격 경쟁력을 가지려면 LED 칩의 수를 줄여야 하고, 개개의 칩의 광출력도 높여야 한다. 칩의 광출력을 높이기 위해서는 기존의 20mA 구동에서 탈피하여 수백 mA의 높은 전류로 구동시켜야 하는 고출력 LED 구형이 필수적인 요소이다.

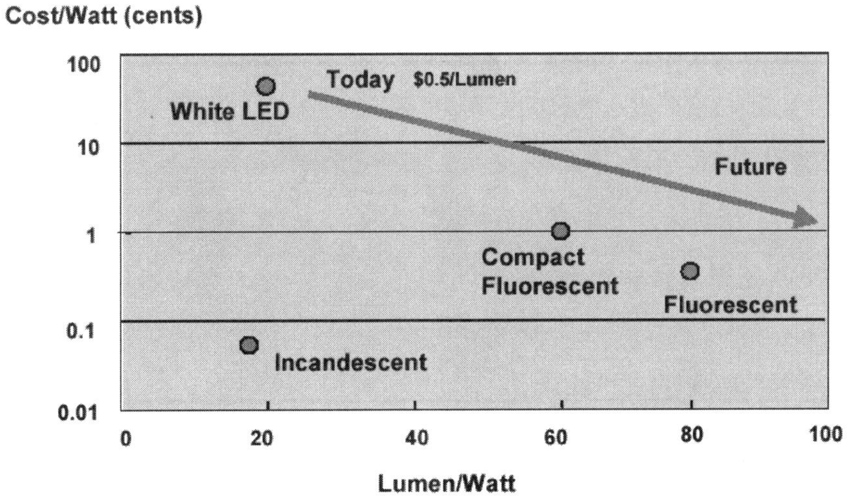

[그림 2-1] 기존 조명기구에 대한 백색 LED 전구의 가격 경쟁력

LED의 광속을 높여야만, 즉 칩의 lumen을 높여야만 경제성이 있는 LED 반도체 조명을 이룰 수 있다. 따라서 칩에서 많은 광속을 높이기 위해서는 고출력 LED 구현이 필수이다. 보통 LED에서 입력 Electrical power 대비 광출력은 약 15%가 되고, 85%가 heat로 변환되는 것으로 알려져 있다. 이에 따라 소자의 Junction에서 발생되는 열을 어떻게 잘 방출시킬 수 있는가 하는 점이 주요 기술이 된다. 즉 Thermal resistance를 줄이는 일이 가장 중요하다.

LED 시스템의 전체적인 성능은 여러 요인에 의해서 결정되는데, 전원 및 주변 환경의 변동에 따라 LED의 광출력이 변동되므로 조명용과 같이 일정한 광출력을 엄격히 필요로 하는 용도에서는 시스템적인 연구가 매우 중요하다. LED 자체의 수명은 매우 길지만 시스템의 측면에서 수명을 결정하는 것은 바로 전원장치의 수명이다.

LED는 안정된 동작과 수명을 보존하기 위해서는 어느 영역 이상으로 전압, 전류가 넘지 않아야 하는데 이를 제어하는 것도 전원장치이므로 시스템의 전체 신뢰성을 결정하는 중요한 역할을 하게 된다. 또한 동종의 LED에 대해서도 회로의 방식에 따라 전체 소비전력 및 특성이 차이가 나므로 효율적인 설계를 위해서는 시스템 측면에서 조명용 LED 모듈의 설계기술은 매우 중요하다.

LED 전원장치는 기본적으로는 목표로 하는 LED 시스템에 따라 설계 및 사양이 종속되지만 일반성을 갖는 전원장치 모듈 또는 IC를 별개로 개발하여 부가적인 기능을 다양하게 포함하여 광범위하게 사용할 수 있다. 따라서 시스템의 안정된 광출력, 긴 수명, 신뢰성을 보장받기 위해서는 LED 조명 시스템에 대한 기술개발이 필수적이다.

2. LED 조명기술 동향

가. 핵심기술 및 기술개발 동향

LED 광원의 장점은 효율이 높고 수명이 길며, 색상 및 조광제어가 용이하다는 데 있다. 즉 발광효율이 높은 반도체 발광소자를 조명에 사용해 전력소모를 줄임으로써 에너지 소모를 줄이고, 환경개선이 가능하며, 수명이 길고 견고하여 유지보수 비용을 획기적으로 줄일 수 있고, 필요에 따라 다른 색과 조합하여 모든 색의 빛의 구현이 가능하고 밝기 제어가 매우 용이하다는 것이다.

특히 단색광을 요구하는 신호용 광원에 적용할 경우 80% 이상의 에너지 절약과 함께 좁은 파장대의 선명한 빛으로 시인성을 높일 수 있어 안전성 향상에 크게 기여하는 것으로 평가되고 있다.

따라서 현재까지의 연구 동향은 조명광원으로의 연구보다는 교통신호등, 철도용 신호기, 잔여시간표시기, 해상용 등 그리고 전광판 등과 같은 신호용 광원을 대체하기 위한 기술개발이 이루어지고 있다. 따라서 지금까지의 연구방향은 시인성 향상을 위한 색도, 광도기준과 옥외환경에서 필요한 전기적, 기계적 성능을 높일 수 있는 기술개발이 진행되었다.

신호용 또는 전광판용 LED 구동의 경우는 국내에서도 일반적인 전원기술로 적용이 가능하였지만, 특별히 조명용을 고려한 LED 전원장치에 대한 연구 및 관련 제품은 국내의 경우는 찾아보기가 어렵다. 최근 주요 반도체회사의 경우 백색 LED 구동용으로 다양한 IC를 소개하고 있다.

용도는 수 개에서 수백 개의 LED를 구동할 수 있으며, 기능은 정전압, 정전류 또는 역률 제어를 포함하는 것도 개발되고 있다. 향후에는 LED 기술의 지속적인 발전을 통하여 LED 조명제품의 효율이 향상될 것으로 예상되므로, 조명대체용으로의 연구가 수행되어야 할 것이다.

따라서 지금까지의 신호용 광원의 대체를 위해 색도, 광도 및 전기적 기술기준을 만족하기 위한 연구에서 벗어나 LED 조명제품화에 대한 연구가 수행되고 있다. LED 조명제품은 지향성을 가진 수십~수백 개의 이산 LED 광원으로 구성되므로, 조명용으로의 사용을 위해서는 구동회로, 렌즈, 조명기구 등을 포함한 조명 시스템화에 대한 연구가 수행될 것이다.

나. LED 조명기술 및 보급 전망

LED를 이용한 조명은 최근 들어 LED의 휘도가 매우 빠르게 개선되고 있어 LED를 이용한 반도체 조명시대가 빠르게 올 것으로 전망된다. 이러한 큰 장점과 무한한 응용 분야에 대한 효과가 기대되고 있지만, 아직 가격이 백열전구에 비해 비싸기 때문에 상용화 보급에는 어려운 점이 많이 현존하고 있다.

그러나 LED의 조명효율이 빠른 속도로 높아지는 추세에 비춰 보면 몇 년 후면 형광등보다 효율이 높은 LED 조명이 반드시 출현할 것이며, 가격도 경쟁할 수 있는 조건을 갖출 것이라 전망된다. 21세기의 새로운 광원으로 부각되고 있는 저전력 소비의 반도체 광원인 고휘도 LED는 디스플레이용과 차량용 광원뿐만 아니라, 일반 조명용 광원까지 응용폭을 넓혀가고 있다.

현재 LED의 휘도와 신뢰성이 어느 정도 확보됨에 따라 종래의 백열전구를 광원으로 이용하고 있던 분야에서 대체 사용을 시작하였다. 현재 Task Lighting, Decoration Lighting 등과 같은 저출력급의 특수 조명 사용으로부터 시장 진입이 활발하게 이루어지고 있는 실정이다.

고출력 반도체 광원이 개발되어 특수 및 일반 조명용 광원에 적용되면, 전력소모 및 에너지 소모를 줄이고 환경개선이 가능하며, 수명이 길고 견고하여 유지보수 관리비용의 절감을 획기적으로 줄일 수 있게 된다.

현재 반도체 광원 및 응용 조명 시스템은 사용이 시작되는 초기 단계로 광학적 성능이나 특성에 대하여 관련된 규정이 마련되어 있지 않다. 제품의 설계 및 제품화를 위해서는 반드시 성능에 대한 기준 및 평가방법 등에 대한 기술이 개발되어야 한다. 또한 반도체 광원을 이용한 조명 시스템의 효율적 보급을 위해서는 조명설계자들이 설계할 때 참고할 수 있도록 DB가 구축되어야 한다.

조명 에너지 절감에 있어 중요한 것은 조명설계의 과정이 표준화되고, 이를 바탕으로 설계 단계에서 조명 에너지의 사용 예정량이 정확히 평가되어야 하는 것인데, 이를 위해서는 반도체 광원 조명 시스템에 대한 규격화 및 표준화가 이루어져야 한다.

현재의 LED 기술개발 추이를 고려하면 2006년 이후에는 50lm/W급의 고휘도 LED가 제품화될 것으로 예상되며, 50lm/W급의 반도체 광원이 시장에 등장하게 되면, 반도체 광원의 수명이 긴 장점으로 인한 유지보수비용의 절감 등의 효과를 고려할 때 일반 조명용으로도 사용이 가능할 것이다.

일반 조명에 사용되는 조명기구는 그 사용 장소 및 용도에 적합한 광학적, 전기적, 기계적 성능을 요구하고 있으므로, LED 응용회로 기술, 렌즈 및 조명기구 설계기술과 시스템의 성능기준에 대한 기술개발이 필요하다.

신형 반도체 광원을 이용한 조명 시스템의 환경 적응시험 등을 통해 조명환경에 적합한 조명 시스템의 신제품 개발과 장기간의 시험평가 및 제도적 규격 개발을 통한 보급기반 확보가 필요하다.

또한 LED 시스템의 전체적인 성능은 여러 요인에 의해서 결정되는데, 전원 및 주변 환경의 변동에 따라 LED의 광출력이 변동되므로 조명용과 같이 일정한 광출력을 엄격히 필요로 하는 용도에서는 전체 시스템 효율 향상을 위한 기술개발이 매우 중요하다.

LED 자체의 수명은 매우 길지만 시스템의 측면에서 수명을 결정하는 것은 바로 전원장치의 수명이다. LED는 안정된 동작과 수명을 보존하기 위해 어느 영역 이상으로 전압, 전류가 넘지 않아야 하는데 이를 제어하는 것도 전원장치이므로 시스템의 전체 신뢰성을 결정하는 중요한 역할을 한다.

LED 전원장치는 기본적으로는 목표로 하는 LED 시스템에 따라 설계 및 사양이 종속되지만 일반성을 갖는 전원장치 모듈 또는 IC를 별개로 개발하여 부가적인 기능을 다양하게 포함하여 광범위하게 사용할 수 있다.

따라서 시스템의 안정된 광출력, 긴 수명, 신뢰성을 보장받기 위해서는 LED 조명 시스템에 대한 기술개발이 필수적이다.

제 4 절
경관조명 시스템

1. 개 요

도시환경에 대한 조명의 역할은 아주 중요하다. 도시의 경관조명은 야간의 도시를 빛으로 장식하고 미화해서 아름답게 하며 시민통행의 안전과 도시의 치안을 향상시켜 도시의 품위를 높여줌으로써 도시문화의 척도가 되고 있다. 근래 경제성장을 이루고 있는 각국에서는 점차 도시경관의 중요성에 대한 인식이 확산되고 있는 추세이다.

특히 도시활동시간이 야간으로까지 연장되면서 인간의 활동이 주간만이 아니고 야간으로 이어져 도시공간에서도 24시간 주야 도시화 현상이 나타나 아름다움과 쾌적성이 요구되고 있는 것이다.

따라서 도시경관을 지탱하는 요소의 하나로서 조명이 차지하는 역할이 극히 중요하다 하겠다. 이미 도시의 경관조명은 도시경관의 일부가되어 야간에는 도시경관의 연출효과를 나타내고 있다.

세계 각국에서는 역사적인 건조물이나 교량을 투광조명하는 라이트업(Light up)이나 도로, 광장, 공원 등의 경관조명으로 아름다운 도시를 조성하는 일들이 주요도시에서 활발하게 이루어지고 있어, 주간에는 눈에 띄지 않던 건물들이 경관조명과 함께 도시의 랜드마크에 의해 그 도시의 역사나 개성의 상징으로서 야간의 경관 속에 떠오르게 하는 효과를 내고 있다.

2. 경관조명의 설계

경관조명을 설계하는데 중요한 부분은 첫째로, 그 도시의 건물 등이나 거리 등을 표현하는 것으로서 그 곳에서 사는 주민들과 관광객의 개성, 역사적 풍토,

거리의 문화특징 등이 거리의 주택이나 도로에 표현될 수 있는 조명계획이 이루어져서 건물과 거리의 인상을 확립하는 것이다.

둘째로, 거리의 집이나 상점 등이 알기 쉽게 정렬되도록 하는 것이다. 즉, 도로의 방위를 도로등이나 가로수로 구별지게 하여 표현하거나 거리의 중심부나 변두리에 있는 거리의 구조를 명확히 하는 것이다.

셋째로, 생활리듬을 주는 것이다. 즉 그 거리에서 생활하는 주민들에게 계절의 변화, 축제, 경기대회 등 생활리듬의 변화를 느끼게 하는 것이다.

가. 경관조명의 구성

도시경관을 구성하는 요소로서 역사적 · 종교적 · 상업적인 건축물 · 도로 · 교량 · 가로수 · 가로등 · 도로표식 광고나 차량 · 보행자 · 산과 강 등을 들 수 있다. 이들의 구성요소로서 잘 조화되고 야간의 경관 향상을 도모하기 위하여 연출하는 것이 경관조명의 역할이다.

(1) 가로의 조명

도로, 가로, 지하도 등의 조명목적은 보행자가 안전하게 보행할 수 있고 가로에서의 범죄방지, 사고재해의 방지를 위해서 적절한 밝기를 확보하는 것과 건축물의 색채, 보행자의 복장, 안색 등이 자연에 가까운 상태로 보일 수 있는 연색성이 좋은 광원을 사용하고, 조명기구, 등주가 거리의 경관에 조화되고 정연하게 배열되어 통일성을 갖도록 하여 가로 전체의 인상을 향상시켜야 한다.

(2) 건축물의 투광조명(라이트업)

건축물에의 투광조명은 야간의 도시경관을 돋보이게 하는 중요한 요소이며, 도시경관의 공간적 넓이의 연출과 더불어 조각적 입체감을 준다. 투광조명은 라이트업된 건축물이 아름답게 보일 수 있을 뿐 아니라 칠곡같은 어두운 밤이 되는 것을 방지하는 효과도 있다.

투광조명에 사용되는 광원은 할로겐 램프, 나트륨, 메탈할라이드 램프 등이 많고 용도별로는 목조건축, 벽돌타일을 사용한 벽면에는 할로겐 램프가 좋고, 연색성이 중요하지 않고 따뜻함을 표현하는 장소에서는 나트륨 램프가 사용되고 엷고 산뜻한 벽면에는 메탈핼라이드 램프가 적당하다. 또한 광원을 몇 가지 종류로 조합하여 연출효과를 높이면 입체감이 있는 조명효과를 얻는 방법도 있다.

(3) 광장의 조명

① 역광장이나 버스터미널 광장 등은 교통기관의 터미널이며 사람이나 차량의 흐름이 많으며 그 도시의 얼굴을 대표하는 장소인 경우가 많고, 조명은 광장 전체를 조명하는 경우와 거리의 상징성을 요구하는 것이 많다. 높은 등주조명을 주체로 하고 보조로서 5m 높이 정도의 등주조명을 실시하는 경우가 많다.

② 시가지 광장은 시가지 내에 설치된 휴식의 장으로 도시공간에 설치된 공원적 성격이 강하다. 이에는 보행자의 조명이 기본이다.

③ 건물 앞 광장은 건물의 고층화에 따라 건물주변에 공개광장이 설치되며 부속되는 경우가 많고 조명도 복잡화되고 있다.

(4) 공원의 조명

공원의 조명은 그 공원이 갖는 특징을 시각환경의 시점으로부터 받아들여 천공, 식재, 지면 등과의 조화를 고려하면서 계획을 진행한다. 공원은 산책, 휴식, 느슨한 행동을 하는 장이며, 경기의 광장으로도 되는 경우도 있다.

따라서, 공원의 조명은 야간의 범죄방지, 안전확보는 물론 공원에 들른 사람들에게 쉬는 편안한 분위기를 제공할 수 있는 계획이 중요하며 그러기 위해서는 안전확보를 위하여 원로를 중심으로 명시조명을 고려하여 어두운 인상을 갖지 않게 하기 위한 5lx 이상의 밝기가 요망된다.

그리고, 환경이 좋은 조명의 확보가 주체이므로 식재를 아름답게 보이기 위하여 광원의 연색성의 검토, 수목의 그림자, 밝기의 농담으로 깊이의 느낌을 준다.

나. 조명계획

경관조명을 크게 나누면 명시조명과 연출조명으로 분류되며 명시조명은 밝기의 부족, 눈부심으로서 부정적으로 평가되지만 연출조명은 어둠 속의 밝기 · 빛

남 등으로 평가된다. 또한 명시조명은 안전 및 방재의 입장으로부터 밝기 효율을 중심으로 고려되고 효율성, 경제성, 관리성, 내구성으로 평가된다. 한편 연출조명은 그 환경의 분위기 감성 문화도의 시점으로 평가된다.

(1) 조 도

건조물 등의 투광 조명으로 한정하여 고려하면 필요한 밝기(조도, 휘도)는 조명대상물의 표면의 마감(재료, 반사율)과 그 배경의 조명환경의 밝기에 따라서 설정된다.

대상물을 조명으로 주위로부터 부각시키려는 그 면이 주위에 비하여 밝아야 한다. 이 밝기는 실용적으로 조도를 기준으로 하는 것이 적당하며 건조물의 표면(반사율), 주위의 상황에 대한 소요 조도는 〈표 2-1〉에서와 같다.

〈표 2-1〉 경관조명의 조도(건축물의 경우)

	주위의 밝기		밝 음	보 통	어두움
표면재	명도	반사율 [%]	도심부 12[cd/m²]	적은 거리 6[cd/m²]	어둑어둑한 지방 4[cd/m²]
흰 대리석	휘다	80	150[lx]	100[lx]	50[lx]
콘크리트	밝다	60	200	100	100
황다색 벽돌	보통	35	300	200	150
암회색 벽돌	어둡다	15	500	300	200

(2) 조명기법

경관조명의 목적은 대상물 혹은 배경에 적당한 밝음을 주어 야간 대상물을 아름답게 부각시키는 것이다. 경관조명 설계에 있어서는 단지 대상물을 균등하게 조명하는 것이 아니고, 대상물의 각면에 적당한 명암, 음영을 주어 조형적 양상이나 대상물의 입체감을 얻도록 하는 조명기법의 검토가 필요하다.

다. 경관조명 설계시 고려사항

경관조명의 역할과 설계시 고려할 사항은 다음과 같다.

① 공공시설에 대한 이해와 친밀감 향상
② 야간의 시가지의 활성화
③ 상업활동의 진흥 및 관광의 활성화
④ 시민의 생활문화의 다양화, 24시간 도시화
⑤ 도시의 역사에 대한 인식향상
⑥ 역사적 건물에 대한 인식향상

이러한 목표를 달성하기 위하여 시가지에서의 양호한 야간경관을 형성하는 것이 필요하며, 이때에는 '아름다움', '쉬운이해', '친밀감'과 '개성'을 형성하는 것이 중요하고 이를 위하여 조명의 연출이 주도적인 역할을 하여야 한다.

그러나 경관조명계획은 실제로는 대상물 하나만을 고려할 것이 아니라 주변의 지역특성 및 조명시설 상태를 고려하여야 하며, 대상의 밝음과 도시의 형태, 기능, 활동, 역사 등의 도시전체와의 조화를 고려하는 것이 필요하다.

도시전역을 고려한 조명계획은 도시가 갖고 있는 개성-역사와 풍토, 문화와 자연조건과의 관계 등이 요구된다. 도시의 이상적인 조명계획을 작성하기 위하여는 도시의 구조, 구성요소와 더불어 도시의 이미지를 계획하는 것이 중요하다.

도시의 야간경관의 연출에는 도시적 스케일에 따른 계획기법이 필요하며, 야경의 파노라마 및 스카이라인이 보이는 것과 도시구조를 두드러지게 나타내거나 또는 특징적인 점을 부각시켜서 도시의 방향성을 나타내거나, 시기와 계절감을 표현하거나 또한 도시를 이해하기 쉽게 하는 것이 중요하다. 이러한 경관조명이 기대하는 효과를 얻기 위하여 적절한 방법과 적절한 사용이 필요하다.

또한 야간에는 빛을 이용하여 대상물을 주간과 동일하게 인식시키는 것보다 주간의 태양광하에서는 감상하지 못한 조형미나 입체감, 아름다움을 끌어내어 독특한 분위기를 창출하는 것이 바람직하다. 따라서 경관조명은 자연환경, 자연생태계에서의 빛의 영향이나 에너지 절약방법이 충분히 고려된 설계계획이 되어져야 한다.

라. 설계요건의 조사와 계획순서

조명계획에서 일반적인 설계요건을 결정하기 위하여 필요한 선행 조사사항은 다음과 같다.

① 주변환경의 밝음
② 대상물의 형상과 크기
③ 대상물의 표면의 재질 및 색
④ 보는 사람, 대상물, 조명기구의 위치관계
⑤ 기대하는 조명효과
⑥ 대상물의 경년적 변화 및 자연생태계와의 관계
⑦ 주간의 미관
⑧ 안정성과 보수성
⑨ 사용 광원에 따른 조도조절
⑩ 주변환경 조건

제 3 장

LED 응용기술

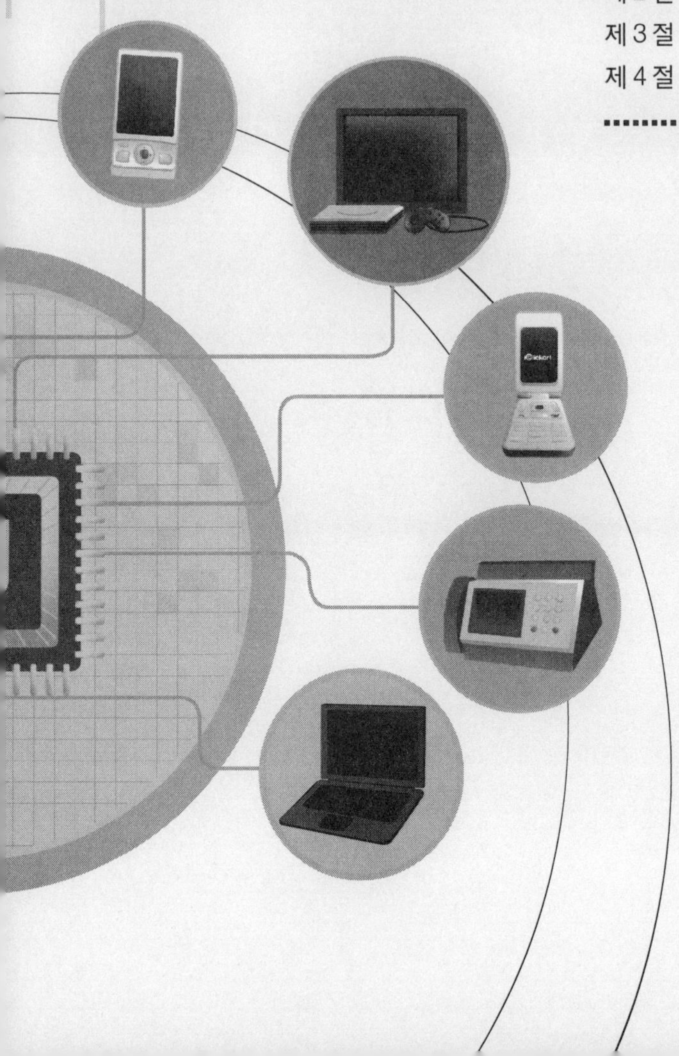

제 1 절 LED 교통신호등

1. 개 요

가. LED 교통신호등

LED란 Light Emitting Diode의 약어인 LED는 일반 전자기기의 표시등이나 숫자표시에 사용됨으로써 우리 생활과 친숙해졌다.

초창기에는 낮은 휘도와 색깔의 한계가 있었으나 현재 새로운 LED 원재료와 진보된 생산기술로 백색을 포함한 가시광선 영역의 모든 색깔의 고휘도 LED가 생산되고 있으며, 이러한 고휘도, 고효율, 다양한 색깔의 LED는 이미 선진국 및 국내에서 대형 전광판, 비상구등, 교통신호등, 승용차/트럭 각종 표시등에 응용되고 있다.

LED는 작고, 가볍고, 내구성이 크며, 긴 수명은 향후 한층 더 광범위한 영역에서 응용되어질 것이며 많은 전문가들은 우리가 일상생활에서 접하는 기존 광원을 결국은 대체할 것으로 전망하고 있다.

나. LED 칩 재료와 발광색

LED에서 방출하는 빛의 색깔은 반도체 칩 구성원소의 배합에 따라 파장을 만들며 이러한 파장이 빛의 색깔을 결정짓는다. 현재 고휘도 LED에 주로 사용하는 Alumiium Gallium Indium Phosphide(Algainp) 칩에서는 Red부터 Amber까지, Indium Gallium Nitride(InGaN) 칩에서는 Bule와 Green 그리고 Blue 칩에 Phosphor 기술을 접목하여 White LED를 가능하게 하였다.

LED의 재료에는 III-V족 화합물을 많이 사용한다. 주로 쓰이는 것은 GaP(갈륨과 인의 화합물) GaAsP(갈륨, 비소, 인의 화합물) GaAIAs(갈륨, 알루미늄, 비소의 화합물) 등이 실용화되어 있다.

다. LED의 특징

① 발열이 거의 없다.
② 소비전력이 적다(저전압, 저전류로 연속 발광이 가능).
③ 수명이 길다(정상적인 사용방법으로 하면 반영구적인 수명).
④ 발광색이 풍부하고 보기 쉽다.
⑤ 모양이 다른 발광체를 만들 수 있다.
⑥ 응답속도가 빠르다.
⑦ 대량 생산할 수 있다(가격이 싸다). 최근에는 초고휘도의 적색 LED가 개발되어 자동차의 스톱램프, 옥외 전광게시판 등에도 사용되고 있다.

라. LED의 전기적 특성

① LED에는 극성이 있다.
② 일정 이상의 순전압을 가하지 않으면 발광하지 않는다.
③ 발광하기 위해서는 최저 약 1.8~2.0V 정도의 전압이 필요하다.
④ 전류에도 제한이 있다. 최대 전류는 25~5mA 정도이나 LED의 재질 등에 따라 다르다.
⑤ 역전압은 3~4V이다.

2. 백열전구와 LED의 비교

가. 개 요

현재 사용중인 신호등용 광원은 대부분 수입에 의존하는 백열전구이다. 백열전구는 전구에 내장된 필라멘트를 가열하여 나오는 빛을 이용하므로 다른 광원에 비해 연색성이 좋은 반면 열발생에 의한 낮은 발광효율과 짧은 수명 특성을 가지고 있다.

또한 신호등은 적색, 황색, 녹색의 특정 파장대의 빛을 필요로 하기 때문에 착색 렌즈가 필연적이며, 이에 따른 빛의 손실을 55%(황색)~90%(적색) 정도 허용하고 있다.

이에 비해 2백여 개 정도의 고휘도 LED와 구동회로로 구성되는 LED 교통신호등은 발열에 의한 열 손실이 거의 없고, 특정 파장대의 단색광을 발광하여 착색 렌즈 사용에 다른 빛 손실이 매우 작아 전구식 신호등에 비해 80% 이상의 대폭적인 에너지 절약이 가능하며, 또한 상대적으로 10배 이상의 긴 수명으로 유지보수비용의 절감 및 교통환경개선 효과가 큰 것으로 평가되고 있다.

따라서 LED 신호등은 에너지 절감 및 도로상의 교통안전 효과 개선으로 도로상에서 쾌적하고 안정된 미래 지향적 자동차 문화생활을 구가할 수 있을 것으로 기대되고 있다.

나. 백열전구와 LED 비교

지금까지 사용해 오던 발광체보다는 LED 광원의 이점은 아주 많다. LED는 일반 백열전구에 비하여 소비전력은 1/5밖에 안되고, 반응시간은 1,000,000배나 빠르며, 수명은 반영구적으로서, 그 동안 각종 적용 분야에 현저히 발달, 향상되어 정밀 반도체 장비검사 기구, 자동차 계기판 등의 전자표시판, 전광판, 산업기계 표시기 및 각종 교통안전 신호등에 사용되고 있다.

[그림 3-1]에 LED와 백열전구의 특성을 비교하였다.

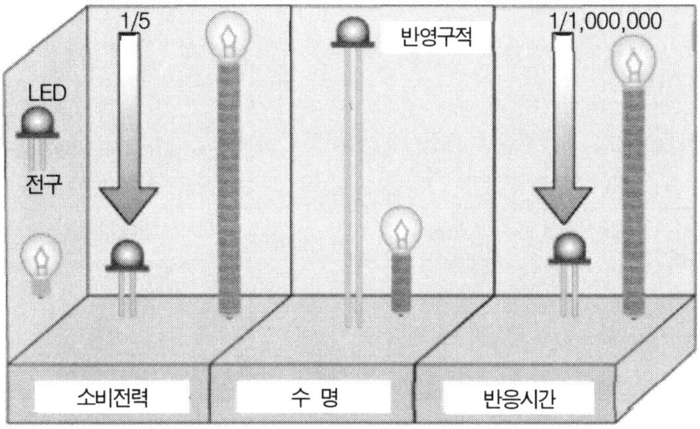

[그림 3-1] LED와 백열전구의 특성비교

다. 특 징

① 백열전구는 전력을 많이 소모하고 잦은 고장으로 유지보수를 많이 필요로 한다.

② LED 교통신호등이 같은 기간에 유지보수비용과 운영비용이 많이 절감된다.

③ LED 교통신호등은 더 높은 안전성과 에너지 효율성을 지닌다.

④ 기존 전구식 교통신호등은 일반적으로 수평 중심선의 중앙을 통해서 빛을 발하므로 흘러나오는 많은 빛이 낭비된다. 그에 비해 LED 교통신호등은 최소의 유지비용으로 어떠한 날씨상황도 균일한 색과 빛을 지속적으로 제공해준다.

⑤ LED 교통신호등은 썬 팬텀 현상을 방지하고 단일색을 발광하는 것 이외에도 백열전구의 기술적 한계를 뛰어넘는 고유한 특성을 지니고 있다.

⑥ LED는 반도체이기 때문에 거의 반영구적으로 사용할 수 있어 기존 교통신호등 유지보수비용의 약 95%를, 전력소모량에서도 약 85% 절감효과가 입증되었다.

⑦ 신호등의 전기 · 저항적 특성 외에도 LED 교통신호등은 기존의 교통신호등의 반사경의 크기를 반으로 줄일 수 있기 때문에 무게 또한 줄일 수 있다.

라. 장 · 단점

기존 교통신호등과 LED 교통신호등의 장점과 단점을 〈표 3-1〉에 제시하였다.

〈표 3-1〉 기존 신호등과 LED 신호등 비교 분석

구 분	기존 신호등	LED 신호등
구조	• 반사경, 백열전구, 착색 렌즈	• LED 기판, 전원장치 투명 또는 착색 렌즈
발광특성	• 물체가 열을 받아서 발광 • 색상 : 착색 렌즈(적색, 녹색, 황색)를 통한 등화색 표시	• 에너지 차(전자이동)에 의한 발광 • 색상 : 색의 경계가 분명하고 자체적으로 색을 발하는 단일광
시인성	• 착색 렌즈의 투과율에 따른 색별 광도변화 • 시인성 저하(넓은 파장대 포함)	• 동일광도 가능 • 색의 경계가 분명(좁은 파장대) • 색을 구분하는 시인성 향상
전력소모	• 전력소모 큼(100W 백열등)	• 80% 이상 절감(10~15W)
내구성	• 연속점등시 4,000시간 • 발열에 의한 렌즈표면 분진부착 • 빠른 광도 저하 및 불균일 광도	• 100,000시간 이상(반영구적) • 낮은 발열 • 균일광도 유지
유지보수비	• 과다	• 75% 이상 절감
팬텀 효과	• 역광시 반사경에 의한 등화 여부 구분이 불분명	• 반사경이 없어 등화된 등색의 구분이 확실
설치비용	• 적음	• 많음(기존에 비해 평균 2~3배)
온도변화 특성	• 비교적 안정됨 • 추위에 약함	• 온도에 따른 광도 변화 • 더위에 약함
규정 적합 여부	• 현행 기준(광도, 휘도, 색도)에 합격한 제품사용	• 기존 규격 직접 적용 불가 • 색도는 기준에 적합하나 광도, 휘도에 대한 시험방법, 규격 개발중
기술적 안정성	• 지속적 개발 및 설치로 시굴적 안정성 부여됨	• 장기현장시험에 의한 안전성 입증

3. LED 소자 선정

가. 개요

① 발광효율이 높고 저전류에서 고출력을 얻을 수 있다.
② 응답속도가 빠르고 펄스 동작 고주파에 의한 변조가 가능하다.
③ 광출력을 전류제어로 용이하게 변화시킬 수 있다.
④ 직 · 교류 어떤 것으로도 동작 가능하다.
⑤ 소형 경량, 장수명이다.
⑥ 소비전력이 적다.

나. LED의 특성

〈표 3-2〉

특 성	내 용
태양빛 난반사	발광 다이오드로부터 방사된 에너지 중에 광축 방향으로 나오는 에너지를 발광출력(P_0)이라 한다. 발광출력은 순전류에 거의 비례하지만 순전류의 최대 정격치 부근에서는 열손실로 발광출력의 직선성이 없어진다.
지향특성	발광 다이오드는 일반적으로 그 Packge에 광축방향으로 출력의 피크가 있고 광축으로부터의 각도에 따라 출력은 감소한다. 피크치의 50%되는 각도를 반치각($\Delta\theta$)으로 표시한다.
Peak 발광파장	발광파장은 발광 다이오드에 사용되는 재료에 따라 결정되며 최대 강도로 발광되는 파장을 말한다.
Spectrum 반치폭	최대 발광강도의 1/2의 강도를 가진 두 파장사이의 간격을 말한다. 반치폭의 수치가 적을수록 사람이 인식하게 되는 색감각 차이가 적어진다.
Continuous Forward Current	LED가 인가할 수 있는 최대 전류
Power Dissipation	LED가 소비할 수 있는 최대 전력
광도[mcd]	주어진 방향을 중심으로 이에 수직인 표면에서의 광속을 표면 및 광원과 맞닿는 입체각으로 나눈 값이다.
휘도[cd/m^2]	빛이 비춰진 면적의 광도를 눈에 보여진 면적으로 나눈 값. 즉, 주어진 각도에서의 빛의 세기를 발광체가 해당 각도로 비추고 있는 면적으로 나눈 값이다.
조도[Lux]	광원으로부터 어떤 특정한 수직평면 또는 수평평면에 도달하는 광속의 전체 양을 나타낸다.

4. LED 교통신호등의 효과

가. 경제적 측면

〈표 3-3〉

항 목	수 치	항 목	수 치
교체 비용(억원)	2,406	유지보수 절감액(억원/년)	356
순간 소비전력, 전구식(kW)	28,008	전기요금 절감액(억원/년)	191
순간 소비전력, LED(kW)	4,201	절전량(GWh/년)	209
발전소 증설효과(kW)	23,807	CO_2 절감량(Ton/년)	173,094
DSM 효과(억원)	619	환경비용 절감액(억원/년)	450

나. 시인성 측면

기존의 백열전구 신호등은 반사경을 사용하여 태양빛이 비출 때 등화구분이 불분명한 경우가 많으나, LED 신호등은 반사경을 사용치 않아 선 팬텀 현상을 방지할 수 있다. 기존의 백열전구 신호등은 자체 열발산에 의한 렌즈의 탈색, 먼지 흡착 등의 이물질로 인한 렌즈 오염으로 시인성이 저하될 수 있으나, LED 신호등은 열발생이 적고 LED 소자의 강한 자체 발광으로 인하여 시인성이 매우 우수하다.

다. 환경적 측면

LED 교통신호등은 기존 신호등에 비해 전력소모가 적으므로 인해 발전 전력량을 줄일 수 있으므로, 전력 발전 오염물질인 CO_2 가스등의 배출량 축소에 직접적으로 기여할 수 있으며, 자체 발열이 미미하기 때문에 고열에 의한 공기중의 분진 소화가 미미하여 공기오염을 줄이는 효과가 있으며 폐전구 발생을 줄이게 된다.

라. 교통환경적 측면

상대적으로 시인성이 우수하여 운전자로 하여금 정확한 신호 판독으로 교통사고 예방효과가 있으며 기존의 신호등은 잦은 유지보수로 인한 교통장애 및 사고를 유발할 가능성이 있으나, LED 신호등에서는 장수명으로 유지보수가 거의 필요치 않고 공사로 인한 교통장애를 줄이게 되며 정체로 인한 시간 및 유류 절감 등의 효과를 예상할 수 있다.

5. LED 신호등 기술 및 보급현황

앞에서 설명한 바와 같이 LED 기술의 급속한 발달로 여러 분야에 이용하게 되었는데, 신호등 분야에도 이 기술을 적용하면 많은 장점이 있으므로 LED 신호등의 보급은 급속히 증대되어갈 추세이다. 신호등은 나라마다 모양과 구조가 서로 다르고, 특히 기존 전구식의 신호등 규격을 LED 신호등에 직접 적용이 불가능하며 나라마다 별도의 규정을 채택하여 적용하고 있다.

가. 국 외

(1) 미 국

미국 필라델피아시에서는 1992년 에너지성(DOE)의 후원으로 6개의 서로 다른 시험 모델을 선정하여 28개 교차로, 240개의 적색 LED 신호등을 설치하고, 다양한 환경 조건에서의 전기적 광학적 성능 특성을 검토하였다.

20개월에 걸친 검토 결과 125W 전구를 사용하는 300mm 신호등에서 90W, 화살표 신호등에서 100W의 절전으로, 필라델피아시에 설치된 28,000개의 적색 신호등을 LED로 교체하면 순시전력 1MW, 연간 7.4GWh의 전력절감과 유지보수비 절감 그리고 수천 톤의 온실가스 발생 감소효과를 가져온 것으로 평가하였다.

그 후 교통공학회(ITE)를 중심으로 LED 신호등의 체계적인 보급을 위한 규격 제정에 착수하여 1996년 6월, 최초의 LED 교통신호등에 관한 잠정규격(Vehicle Traffic Control Signal Head, VTCSH로 명함)을 제정하였다. 1996년에 제정된 규격에 이어 1998년 3월에 재수정하여 1998년 7월에 2차 LED 교통신호등 모듈에 관한 잠정 구매규격서(안)을 발표하였다.

그 당시 LED 신호등 보급의 가장 큰 걸림돌은 큰 초기비용으로, 미국은 LED 신호등 가격과 에너지 절약 잠재량을 감안하여 상대적으로 경제성이 큰 적색신호등을 위주로 보급을 추진하고 있다.

현재 적색 LED 신호등 가격은 $100수준으로 1990년대 초의 $750에 비해 1/7 이상 감소하였으며, 향후 기술개발과 병행하여 지속적인 가격하락이 예상되며, 경제적 회수기간은 약 2년으로 예상하고 있다. 현재 필라델피아시에서는 적색 신호등에 대해 교체계획을 수립하여 계속 추진중이며 또한 녹색, 황색의 LED 교통신호등도 설치하였다.

이외에 미국 보스턴 지역에서는 앞으로 LED 신호등의 이용 확산을 위해서 현장시험용으로 1999년에 이 지역에 소재한 Edison Co의 지원을 받아 수개의 기존 백열전구를 이용한 신호등을 LED 신호등으로 바꾸었다.

이 결과 약 80% 내지 90%의 에너지 절약과 더불어 추가적으로 유지비를 절약할 수 있었다. 또한 뉴어크(Newark)에서는 540개의 교차로에서 8,000개 이상의 신호등을 LED로 교체하였으며 미국의 여러 도시로 보급이 확산되고 있다.

(2) 유 럽

1990년대 중반부터 대부분의 유럽 국가들이 LED 신호등 시범사업에 참여하고 있으며, 특히 1998년 세계에너지기구(IEA)는 LED 신호등을 전력수요관리(DSM)의 5대 시범사업의 하나로 선정하여 스웨덴의 스톡홀름시를 대상으로 시전역의 모든 신호등을 LED로 교체하는 국제적인 실증 시범사업을 추진하였다. 스톡홀름시는 백열전구 신호등을 LED 신호등으로 대체한 세계 최초의 도시다. 모든 삼색 신호등과 보행자 신호등을 2000년말까지 LED로 교체하였다.

스톡홀름시의 시범설치 내용을 살펴보면 녹색신호등의 경우 70W의 전구대신 10W의 LED를, 또한 회전표시인 화살표 신호등은 4W를 사용하여 27,000개의 기존신호등을 LED 신호등으로 교체하였다. 내구수명을 10년 이상으로 기대할 수 있으며, 전기요금 등 운영비가 절약되고, 내구성도 30배 이상으로 기대하고 있다.

스톡홀름시에서 연간 사용하는 신호등용 전력 4.8GWh을 0.6GWh로 줄인다는 계획 아래(전력 88%, 전기요금 71%, 유지보수비 75% 절감) 신호등을 교체하였다. 스웨덴 외에 LED 신호등은 영국의 런던 오스트리아의 비엔나, 독일의 뮌헨, 스페인의 바르셀로나, 스위스의 취리히, 핀란드의 헬싱키 등의 도시에서 도로에 설치하여 시험운영중이다.

또한 나라별 각기 다른 신호등 규격으로 인한 불편을 해소하기 위해 유럽 각국에서 사용해 왔던 기존 신호등의 규격은 유럽 규격표준화위원회(CEN : Comite Europeen de Normalisation)에 의하여 유럽의 표준 기존신호등에 관한 규격을 1998년에 제정(Traffic Control Equipment-Signal Head)하였으며, LED교통신호등에 관한 규격은 2000년 유럽 19개국이 모여 하나의 통일규격인 유럽규격을 제정하였다.

유럽의 LED 신호등 보급의 특징은 경제성이 다소 불리하더라도 에너지 절약 및 환경개선을 위해서 적색뿐만 아니라 녹색을 포함한 모든 신호등을 일괄 교체하는 것을 기본으로 하고 있다.

(3) 일 본

일본은 철도용으로 약 5,000개의 적색, 황색, 녹색을 포함한 샘색등을 설치하였으며, 차량용으로 도쿠시마에 400여 개의 차량신호등(삼색등)을 설치하였다. 그 외에 오사카, 교토 및 아이찌에 회전지시를 나타내는 화살표등을 각 200개, 150개 및 100개를 설치하였고, 이 외의 도시에도 보급이 화대되어 가고 있다.

현재까지 LED 신호등을 설치하여 운영하여 나타난 결과는 교통안전 측면에서 교통사고 발생건수가 약 25% 정도 감소하였고, 주간과 야간 교통사고 발생건수가 각각 17.6%, 38.1% 감소하였다.

특히, 주간에 비해 야간 교통사고 발생 감소율이 2배 이상으로 나타난 결과는 LED 신호등이 기존 신호등보다 운전자의 시인성, 선명성 등의 효과가 우수하다는 점에 기인한다고 판단하고 있다. 사고예방 효과 외에도 교통사고 사망자와 부상자가 각각 50%와 25.7% 감소하였다고 한다.

교통환경개선 외에 LED 신호등을 일본 전역에 설치할 경우 연간 6억kWh의 전기에너지 절약이 가능하리라 추정하고 있다. 환경 측면에서도 LED 신호등은 전력소모가 적어 발전소에서 전력발전시 배출되는 CO_2 배출량의 삭감에 직접적으로 기여할 수 있는데, 일본 전국의 차량등과 보행자등 및 기타 교통신호등 전체 개수를 150만 개로 가정하면 약 68만 톤의 CO_2 배출량을 감소시킬 수 있다고 한다.

일본은 경시청에서 정한 규격 제2호, 제227호 등에 의하여 LED 교통신호등에 대한 규격을 제정하였으며, 직경 300mm의 원형 차량등과 직경 200mm의 일등식 점멸등에 관하여 규정하고 있다. 직경 300mm LED 차량신호등 규격의 주요 내용은 광도, 수명 등을 규정하고, 기존 신호등과의 호환성을 요구하고 있으며, 이 규격에서는 착색 렌즈를 사용하지 않는다.

나. 국 내

국내에 LED 신호등이 소개된 것은 선진국에 비해 몇 년 뒤인 1997년으로 한국에너지 기술연구원에서 LED 신호등 기술을 소개하였다. 국내에 소개된 이래 1998년 국내환경 적응성 및 안전성 검증을 위한 옥외시험, 1999년 적색 차량신호등 도로현장시험, 2001년 봄, 전체 신호등에 대한 도로현장시험 과정을 거쳐 한국형 LED 신호등규격(안) 및 표준 시스템을 개발하여 현재 서울과 대전에서 실증시험 중에 있으며, 제도화 과정을 거쳐 국내에서도 본격적인 보급이 추진되었다.

정부의 에너지 절약 기술개발 자금으로 차량용 및 보행용 LED 교통신호등을 서울의 양재대로와 대전에 설치하여 시범운영중에 있다. 도로현장시험에 사용된 LED 교통신호등은 기존 신호등에 비해 밝기, 색상, 시인성이 매우 우수한 것으로 알려졌으며, 색상과 발광면의 크기에 따라 8~15W 정도의 전력을 소비하여 85% 이상의 에너지 절약이 가능할 것으로 기대하고 있다.

산업자원부는 LED 교통신호등을 인증품목에 추가하는 고효율 에너지 보급촉진에 관한 규정을 개정 고시하였다. 현재 사용되고 있는 교통신호등은 수입 백열전구(100W, 60W)를 이용함으로써 전력에너지 소모량이 과다할 뿐 아니라 수명이 짧기 때문에 시설유지 관리비용이 높다.

신규 추가된 LED 교통신호등은 자체에서 빛을 내는 LED를 이용한 신호등으로 에너지 소비전력 15W, 수명 10년 이상으로 현재 사용되고 있는 백열전구(100W, 수명 6개월 정도)보다 수명이 훨씬 길고, 색깔이 선명할 뿐만 아니라 에너지 절감효과가 약 85%에 달해 경제성과 성능이 매우 우수한 차세대 교통신호등으로 평가하고 있다.

현재 국내에는 교통신호등이 약 28만 개 정도 설치되어 있으며, 신호등 수는 80만 개 정도로 이를 모두 LED 교통신호등으로 교체하면 연간 208GWh의 전력

절감이 가능할 것으로 평가하고 있다.

그간 산업자원부는 한국에너지기술연구원에 기술개발연구비를 지원하여 한국형 LED 교통신호등 규격과 표준 시스템을 개발 · 시범설치 운전중에 있으며, 정부는 기술검토와 산업표준심의회의 심의를 거쳐 LED 교통신호등에 대한 국가표준규격을 제정하여 2002년 3월 18일에 고시하였다. 앞으로 국내에서도 LED 교통신호등이 크게 보급되어 확산되리라 기대된다.

제2절
LED 전광판 기술

1. 개 요

현재 LED는 각 산업분야, 즉 식품공업, 화학공업, 전자제품, 자동차 생산공장 등의 대규모 산업현장뿐만 아니라 전자표시판, 전광판 및 각종 교통신호등, 기타 일반 광고매체에 이르기까지 우리 생활의 넓은 분야에 적용되고 있다.

LED 전광판은 고정된 기존의 전광판과는 달리 다양하게 변경되는 문자 및 Graphic을 표출할 수 있어 광고 및 홍보, 상황판, 정보전달매체로 그 응용범위가 확대되고 있다.

특히 실시간으로 정보를 내보낼 수 있어 시시각각 변화하는 산업현장의 정보나 뉴스를 전달하는 정보전달매체로서 각광받고 있다. 대부분의 전광판은 기본 3색(Red, Green, Yellow) 데이터 표출기능, 총천연색(Full color) 데이터 표출이 가능하다.

2. 전광판의 기술

가. LED

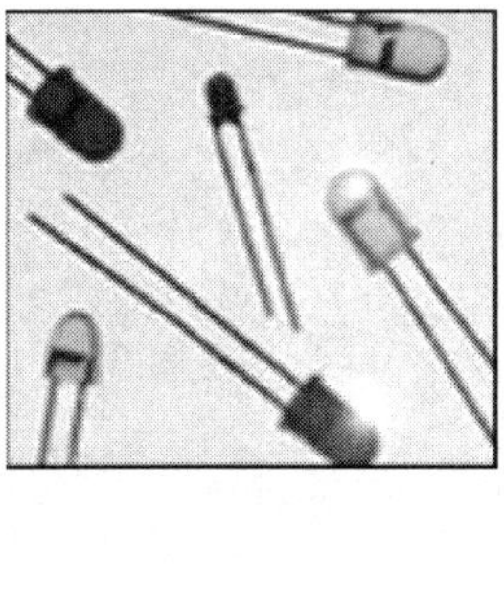

LED(Light Emitting Diode)란 발광다이오드의 약자로서 전류가 흐르면 빛을 방출하는 다이오드이다. 화합물 반도체의 특성을 이용해 전기신호를 적외선 또는 빛으로 신호를 주고받는 반도체의 일종으로 가정용 가전제품, 리모콘, 전광판, 표시기, 각종 자동화 기기 등에 사용된다.

LED에서 방출하는 빛의 색깔은 반도체 칩 구성원소의 배합에 따라 파장을 만들며 이러한 파장이 빛의 색깔을 결정한다. 일반 백열전구에 비하여 LED는 소비전력이 1/5밖에 안되고, 반응시간은 100만배나 빠르며, 수명은 반영구적이다.

그 동안 각종 분야에서 현저히 발달, 향상되어 전자표시판, 전광판 및 각종 교통신호등에 사용되고 있다. LED 전광판은 지속적으로 기능이 향상되어 텍스트뿐만 아니라 이미지 전송과 풀컬러 표출이 가능해져 보다 넓은 산업분야에서 응용되고 있다.

나. 도트(DOT)

LED 전광판에서 빛을 발광하는 한 점을 말하며 Red, Green, Blue 등 여러 종류의 색상을 발광시키는 다이오드가 있다. 전기적인 신호로 각각의 다이오드를 제어하여 필요 색상을 표출하며, LED 전광판의 픽셀 안에 내장되어 있는 다이오드의 종류가 Red, Green만 있으면 Two Color 전광판 및 Two Color Gradient 전광판(일반적으로 3Color 전광판)이 된다. 여기에 Blue가 추가되면 Full Color 전광판이 되고, Green 대신 Pure Green이 들어가면 Natural Color 전광판이 된다.

다. 모듈(Module)

모듈은 '16×16'(가로×세로, DOT)로 구성되어 데이터(영문, 한글, 한문, 숫자, 특수기호 등 문자정보) 표출의 최소 단위가 된다. DOT의 크기와 모양에 의해 모듈의 크기가 결정되며 40, 64, 96, 128, 200, 240, 320mm 외 다양한 종류의 크기를 갖는다.

모듈의 크기는 전광판의 용도에 따라 새롭게 구성되기도 하는데, 모니터와 같이 영문 및 숫자를 표현하기 위해서는 최소 '8×16' DOT가 필요하며 1모듈에 2자를 쓸 수 있다.

한글은 '16 × 16' DOT가 필요하므로 1모듈에 1자를 표현할 수 있게 된다. 이미지 데이터는 전광판의 수평, 수직화면 해상도를 생각하여 데이터를 구성, 표현하게 된다.

라. 픽셀(Pixel)

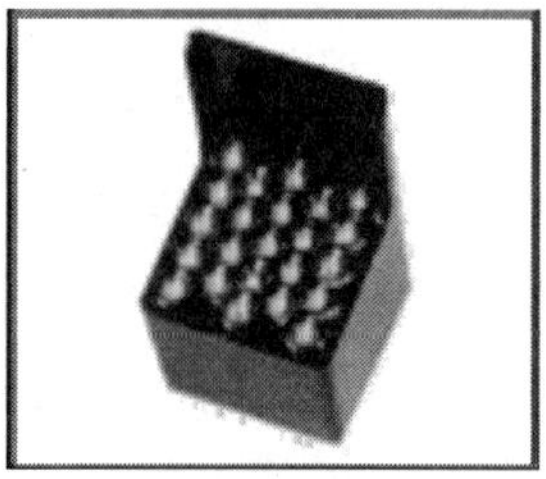

픽셀은 실내용 도트와 같은 의미로 Red, Green, Blue의 색상을 발광하는 다이오드로 구성되어 있다. 전광판의 색상이 자연스럽게 표출되는 정도는 1개의 픽셀 내에 삽입되어 있는 색상별 램프의 비율에 따라 결정된다. (Red : Green : Blue = 2 : 1 : 1)

픽셀은 형태는 원, 사각형태가 있으나 모듈을 구성할 때 사각형태가 유리하므로 많이 사용된다.

마. 색(Color)

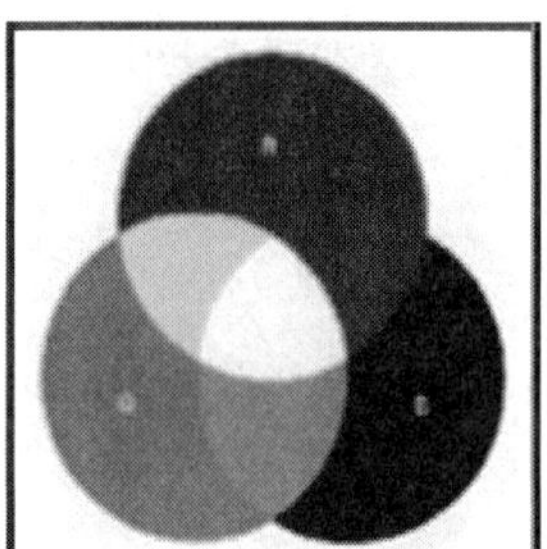
빛의 삼원색 혼합

이미지 데이터의 색은 빛의 삼원색인 RGB(Red, Green, Blue)를 사용해서 나타내진다. 빛이 프리즘을 통과하게 되면 굴절현상에 의해 사람이 육안으로 식별할 수 있는 파장대별로 380nm~780nm까지 선명한 무지개색이 나타난다.

이런 색의 조합으로 색상을 만들어 내게 되는데, 이 원리는 모든 빛을 사용하는 기구(컴퓨터 모니터, TV, 컬러 전광판 등)에 응용된다.

아날로그의 빛깔을 디지털화할 때 빨강, 파랑, 초록의 정보를 각각 256 계층(2^8승=8bit)의 필터를 통과시켜 색을 혼합한다. 즉 빨강은 (255, 0, 0), 파랑은 (0, 0, 255), 초록은 (0, 255, 0), 흰색은 (255, 255, 255), 검정은 (0, 0, 0)이다.

이 빛깔로 혼합해 만들 수 있는 색은 16,777,216가지이고 이를 풀 컬러라고 한다. 또한 각 빛깔의 정보는 8bit×3이므로 24bit이고 이는 곧 2^{24}이며 16,777,216색이 되는 것이다. 이를 정리하면 다음과 같다.

- 8비트 color=256색
- 16비트 color=65,536색(하이 컬러)
- 24비트 color=16,777,216색(풀 컬러, 트루 컬러)

바. 시스템 구성

전광판은 데이터 송수신 방식에 따라 단독형(Stand alone type)과 PC 연결형이 있으며, 단독형은 ROM의 정보를 연속 반복적으로 Display하며 ROM의 DATA는 적당한 시기에 변경하여 사용한다.

PC 연결형은 운영자가 사용자 인터페이스 프로그램을 이용, PC로부터 실시간 데이터를 받아 내용을 디스플레이하게 된다. 이때 누구나 쉽게 사용할 수 있는 사용자 프로그램이 있어야 하는데, PC 연결형 전광판은 실시간으로 누구나 표출 데이터를 관리할 수 있다는 장점이 있다.

이런 장점을 이용, 공장 등의 산업현장에서는 기계상태, 생산실적, 작업지시 등을 실시간으로 관련자에게 전달할 수 있으며, 일반 점포 등에 설치할 경우에는 광고매체로서 적시에 상품가격 변동, 시장현황, 상품특성 등을 소비자에게 알림으로써 최대의 광고효과를 얻을 수 있다.

사. 전광판 화면구성

전광판 화면구성은 기본 LED Matrix로 적당한 모듈을 구성하며 모듈이 조합되어 화면을 구성한다. 이때 Matrix 형태를 이룬 LED DOT가 전광판의 품질을 좌우하는 제일 중요한 요소이다. 도트의 형태나 밝기에 따라 전체 화면의 디스플레이가 안정적이고 선명하며 넓은 시야각을 만들 수 있다.

DOT의 크기는 ø2.8, ø5.0가 보통 소형 전광판에 사용되고 대형옥외 전광판의 경우는 ø52 (Cluster)가 사용된다. 또한 세밀한 그림의 화면 또는 컬러 화면을 원할 경우에는 작은 LED DOT로 최대 Resolution 구사하여 정밀한 화면을 표출할 수 있으나 경제적 면을 고려할 필요가 있다.

아. 컨트롤러(Controller)

컨트롤러는 입력받은 데이터를 저장하여 전광판에 데이터가 표출될 수 있도록 해주는 제어장치이며, EPROM, SRAM, MPU 등으로 구성된다. [그림 3-2]는 전광판 통합 시스템의 구성도이다.

- EPROM : 입력 데이터를 저장한다.
- SRAM : EPROM에 저장된 데이터를 변환 및 연산할 경우 임시 메모리로 사용한다.
- MPU : 메모리에 저장된 데이터를 연산처리 후 메인 보드(Main board)로 CLK, COM 신호와 함께 전송한다.

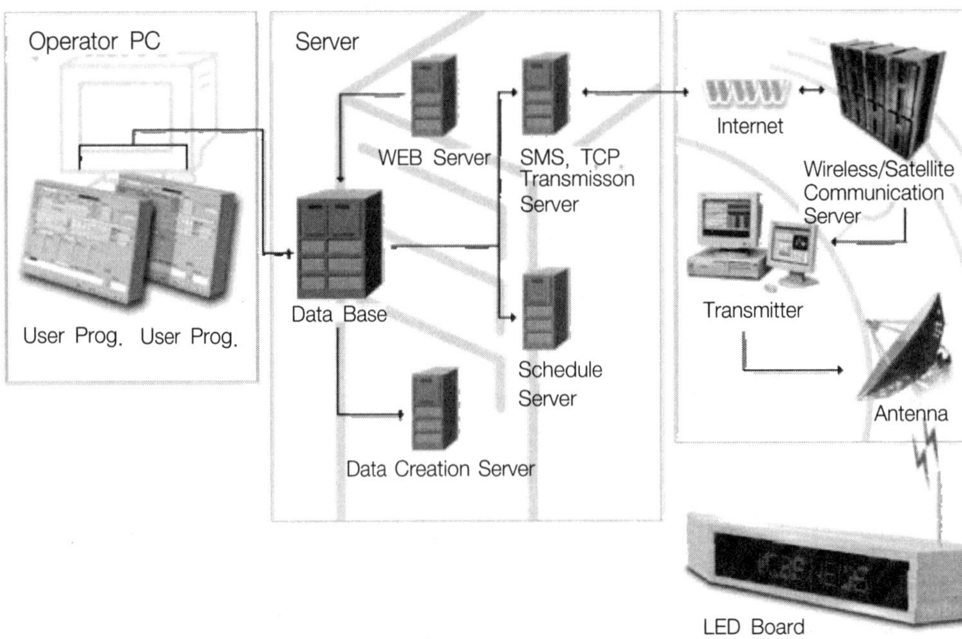

[그림 3-2] 전광판 통합 시스템 구성도

제 3 절
태양광 발전 시스템

1. 기술의 개요 및 정의

태양전지(Solar cell 또는 Photovoltaic cell)는 태양광을 직접 전기로 변환시키는 태양광 발전의 핵심소자이다. 예로서 [그림 3-3]과 같이 반도체의 PN접합으로 만든 태양전지에 반도체의 금지대폭(Eg : Band-gap energy)보다 큰 에너지를 가진 태양광이 입사되면 전자-정공 쌍이 생성되는데, 이들 전자-정공이 PN접합부에 형성된 전기장에 의해 전자는 N층으로, 정공은 P층으로 모이게 됨에 따라 PN간에 기전력(광기전력 : Photovoltage)이 발생하게 된다.

이때 양단의 전극에 부하를 연결하면 전류가 흐르게 되는 것이 동작원리이다. 이러한 태양전지([그림 3-4] 참조)는 필요에 따라 직병렬로 연결하여 장기간 자연환경 및 외부 충격에 견딜 수 있는 구조로 만들어 사용하게 되는데, 그 최소 단위를 태양광 모듈(Photovoltaic module)이라 한다.

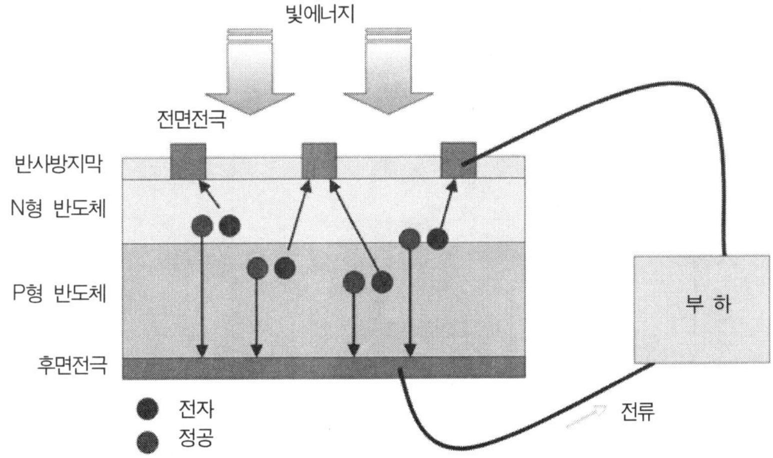

[그림 3-3] 태양전지 구조

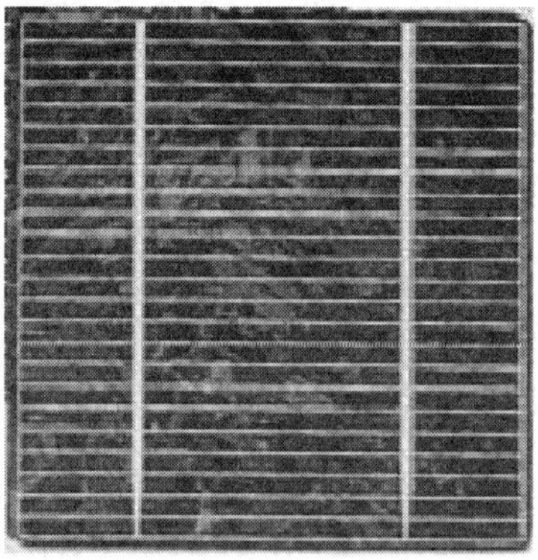

[그림 3-4] 태양전지 외형

[그림 3-5] 태양광 모듈과 어레이 구성

그리고 실제 사용부하에 맞추어 모듈을 어레이(Photovoltaic array) 형태로 구성하여 설치하게 된다([그림 3-5] 참조). 태양광 발전을 위해서는 태양전지로부터 생성되는 직류전기를 교류로 변환시키는 인버터, 비 또는 눈이 며칠간 계속되는 경우를 대비한 축전지 등의 주변장치(Balance of system)가 필수적이다.

[그림 3-6]은 주택의 지붕에 태양광 어레이를 설치하고, 배전선과 연계한 계통연계형 태양광 발전시스템의 개략도이다. 태양광 발전기술은 핵심소자인 태양전지 기술과 주변장치기술로 나뉘어지는데, 주변장치(BOS : Balance of System)는 직류를 교류로 변환시키는 인버터, 축전지, 지지대 등을 포함한다.

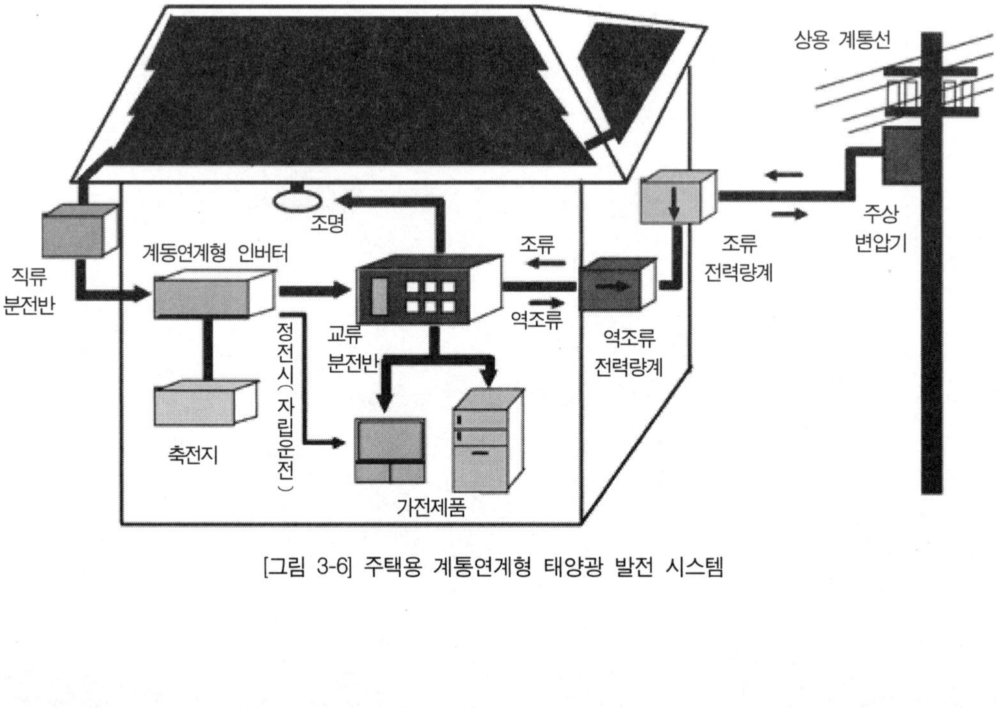

[그림 3-6] 주택용 계통연계형 태양광 발전 시스템

2. 태양전지 기술

태양전지는 1839년 프랑스 과학자 Becquerel이 전해질 속에 담겨진 2개의 금속전극으로부터 발생하는 전력이 빛에 노출시 그 크기가 증가하는 광기전력(Photovoltaic) 효과를 발견한 것과 그 역사를 같이 하고 있다.

1954년에는 미국 Bell Lab에서 실리콘을 소재로 한 최초의 태양전지가 개발되었고, 이어서 1958년에는 우주선 Vanguard I호의 전원공급용으로 최초로 실용화되기에 이르렀다.

우주선의 전원용으로만 사용이 국한된 태양전지는 1970년대 2차례의 석유파동을 겪으면서 지상용 전원으로 활용하기 위한 가능성에 주목을 받게 된다. 이어 선진국의 체계적이고 집중적인 연구개발에 힘입어 1980년대부터 제한적이긴 하지만 지상 발전용으로 사용이 시작되고, 이어서 에너지 환경 문제가 지구적 차원의 문제로 부각됨에 따라 가장 유망한 신에너지 기술의 하나로 인식되기에 이르렀다.

선진국의 대규모 정부 지원에 따른 시장의 확대와 함께 기술개발이 한층 더 강화되어 최근 수년간은 그 시장 규모도 매년 35% 이상씩 크게 성장하고 있다.

〈표 3-4〉 태양전지의 역사

1939년	Edmond Becquerel	–Photovoltaic Effect 발견
1954년	Bell Lab., RCA	–Si 태양전지 개발
1958년	Vanguard I	–미국 우주선 보조전원 사용(5mW)
1970년대	석유파동	–지상용 전원으로 활용 모색
1980년대 이후	에너지 · 환경	–본격적인 기술개발 추진, 신재료, 대량생산 공정 개발 –대표적인 환경친화적 발전기술로 부각
1997년		–전세계 생산량 : 연간 100MW 돌파
1999년		–전세계 생산량 : 연간 200MW 돌파
2001년		–전세계 생산량 : 연간 400MW 돌파
2002년		–전세계 생산량 : 연간 500MW 돌파

이 분야에서 기술 및 시장을 선도하고 있는 일본의 경우 2000년 현재 모듈 기준 태양전지의 제조단가는 약 140엔/W이고, 이를 이용한 태양광 발전의 전력단가는 대략 70엔/kWh로 추정하고 있다. 이 전력단가를 우리나라에 적용할 경우 일반 가정용 전력요금의 거의 10배에 달한다. 현재 사용되고 있는 태양전지는 웨이퍼 형

태의 단결정 및 다결정 실리콘 태양전지로 전체 시장의 약 85%를 점유하고 있다.

1980년대 이후 태양전지 제조에 가장 먼저 사용된 반도체 재료가 단결정 실리콘이다. 현재 태양전지 시장에서 차지하는 비중이 이후 많이 떨어지긴 하였지만 현재로서도 시장, 특히 대규모 발전 시스템 분야에서 가장 널리 이용되고 있다. 이는 단결정 실리콘으로 만든 태양전지의 효율이 기타 재료로 만든 태양전지에 비해 변환효율이 높기 때문이다.

반면에 가격은 아직 높은데, 그 해결방안으로 보다 저급의 실리콘을 이용하는 방법, 대량생산 및 공정 개선에 의한 방법 등이 시도 또는 계획되고 있다. 다결정 실리콘 태양전지는 원재료로 저급의 실리콘 웨이퍼를 사용하는데, 따라서 효율은 단결정 실리콘에 비해 낮은 반면 가격은 싸다. 그리고 이용분야도 주택용 시스템 등이 주 대상이다.

[그림 3-7]은 단결정 및 다결정 실리콘 태양전지와 모듈의 제조공정을 나타낸 것이다. 단결정 및 다결정 실리콘은 bulk 상태의 원재료로부터 태양전지를 만들기 때문에 원재료비가 비싸고, 공정 자체가 복잡하여 가격의 절감 측면에서는 한계가 있을 수밖에 없다.

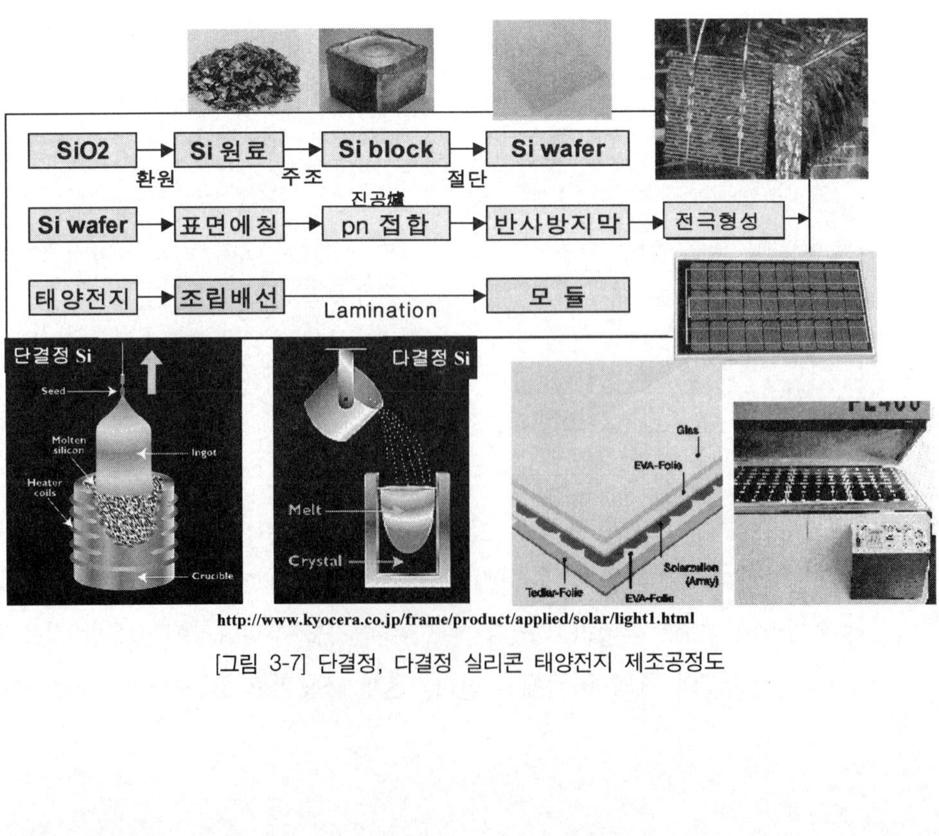

http://www.kyocera.co.jp/frame/product/applied/solar/light1.html

[그림 3-7] 단결정, 다결정 실리콘 태양전지 제조공정도

이와 같은 문제점을 해결하기 위해 방안으로 기판의 두께를 혁신적으로 줄이는 기술, 또는 유리와 같이 값싼 기판위에 박막형태의 태양전지를 증착시키는 기술이 주목을 받고 있다. 기존의 박막 제조공정을 이용할 경우보다 값싼 방법으로 태양전지의 대량생산이 가능하기 때문이다.

박막 태양전지 중 가장 처음으로 개발된 것이 비정질 실리콘으로 기존 결정질 실리콘 태양전지의 약 1/100에 해당하는 두께만으로도 태양전지의 제조가 가능하다. 하지만 결정질 실리콘 태양전지에 비해 효율이 낮고, 특히 초기 빛에 노출될 경우 효율이 급격히 떨어지는 단점이 있다.

따라서 대규모 발전용으로는 사용되지 못하고, 시계, 라디오, 완구 등 소규모 가전제품의 전원용으로 주로 사용되고 있었는데, 최근 효율의 향상과 함께 초기 열화현상을 최소화할 수 있는 다중접합 구조의 비정질 실리콘 태양전지의 개발과 함께 일부 전력용으로 이용되기 시작하였다.

뒤이어 출현한 박막 태양전지가 CdTe, $CuInSe_2$계의 화합물 반도체를 소재로 한 것이다. 비정질 실리콘에 비해 효율이 높고, 또한 초기 열화현상이 없는 등 비교적 안정성이 높은 태양전지로 현재 CdTe는 대규모 전력용으로 사용을 위한 실증시험 중에 있다. $CuInSe_2$는 실험실적으로 만든 박막 태양전지 중에서 가장 높은 변환효율을 기록하고 있는데, 아직까지 파일럿 생산단계로 대량 생산단계에까지는 이르지 못하고 있다.

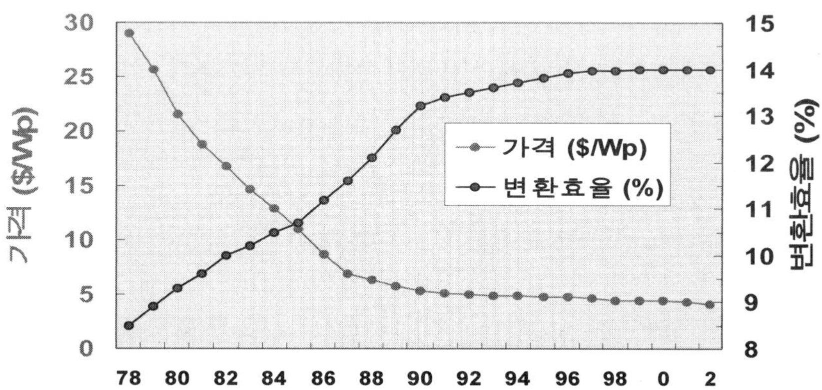

[그림 3-8] 결정질 실리콘 태양전지효율 가격 추이

〈표 3-5〉 결정질 실리콘 태양전지와 박막 태양전지의 장·단점 비교

기존 결정질 Si 태양전지
- 장점 : 고효율, 신뢰성
- 단점 : 저가화 한계
  - 두께 한계 : 2-300 μm
  - 공정이 단속적

→

박막 및 신형 태양전지
- 고효율, 신뢰성
- 저가
  - 두께 < 2-3 μm
  - 연속 대량생산, 저에너지 소비형 공정
  - 저가의 기판재료 이용 (유리, 금속, 플라스틱)

Data/kW	Wafer-based Silicon	Thin Film Silicon
Area needed	7 m^2	14 m^2
Use of Si	20 kg Si	250 g SiH_4
Si in the final module	6 kg Si	50 g Si
Energy payback time	5-6 years	2-3 years

http://www.vhf-technologies.com/

이들 박막 태양전지는 전력용으로 사용되기까지에는 앞으로도 더 많은 연구개발이 필요할 것으로 예상되고 있다. 다결정 박막 실리콘은 최근에 주목을 받기 시작하였는데, 보존량이 풍부한 실리콘을 원재료로 하고 있고, 또한 박막 태양전지 제조공정을 이용하여 대량생산을 통해 가격을 획기적으로 절감할 수 있다는 장점을 지니고 있다.

최근 일본의 Kaneka에서 제품을 생산하고 있지만, 아직 가격 측면에서 기존 결정질 실리콘 태양전지와 차이를 보이지 못하고 있다.

GaAs, InP 등의 단결정으로부터 만든 화합물 태양전지는 결정질 실리콘 태양전지보다 더 높은 효율을 나타내는데, 가장 큰 단점은 가격이 매우 비싸다는 점이다. 따라서 그 용도도 지상 발전용보다는 우주선 등의 전원공급용에 국한되어 있는데, 가격도 지상용 태양전지의 수백 배에 이른다. 가격을 절감하여 지상용으로 사용하기 위해서는 값싼 기판 위에 박막으로 제조하여야 하는데, 아직까지 실용화단계에 이르지 못하고 있다.

1990년대 초반부터는 반도체 무기소재 대신 유기염료를 소재로 광합성원리를 이용한 염료감응 태양전지와 전자주개(Donor)와 전자받개(Acceptor) 특성을 갖는 유기분자형 태양전지와 같은 유기태양전지 연구가 진행되고 있다. 유기분자형 태양전지는 에너지 변환효율이 2003년 현재 2~3% 정도로 매우 낮지만 매우 얇고 가벼운 플라스틱 태양전지 제조가 용이하며, MEMS(Micro Electromechanical System)와 같은 초소형의 전자기기에 응용가능하다.

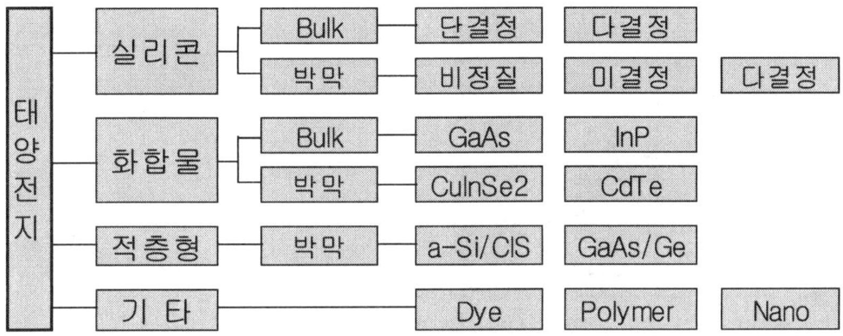

[그림 3-9] 태양전지 종류

1991년 스위스 Gratzel 그룹에서 보고한 염료감응 광전기화학 태양전지는 제조단가가 실리콘의 1/5 수준으로 매우 낮아 가격경쟁력이 우수한 기술로 평가받고 있다.

2003년 현재 소면적 태양전지의 에너지 변환 최고효율이 최고 11%이고, 호주 STI 등에서는 타일 구조의 모듈을 생산하고 있다. 에너지 변환효율을 15% 이상 향상시키기 위한 노력이 진행되고 있으며, 상용화를 위한 제조공정 개발도 함께 진행되고 있다.

3. 태양광 모듈

태양전지 제조와 검사가 끝나면 응용제품의 전력용량에 따라서 모듈화하는 과정을 거친다.

태양전지 각각에 배선재료인 탭을 달고, 이를 연결하여 전기적 회로를 구성한다. 회로가 구성되면 태양광은 잘 투과하면서도 전기적으로는 절연 특성을 가지는 재료를 사용하여 봉인한다. 그 재료로 유리, 절연막이 코팅된 알루미늄 호일, 혹은 플라스틱 등이 사용된다.

고분자 화합물인 수지(에폭시)에 각종 배합제를 가하여 만든 열경화성 수지는 투명도가 높아 현재 가장 보편적으로 사용되고 있다. [그림 3-10]은 태양광 모듈의 구조와 제조공정도이다.

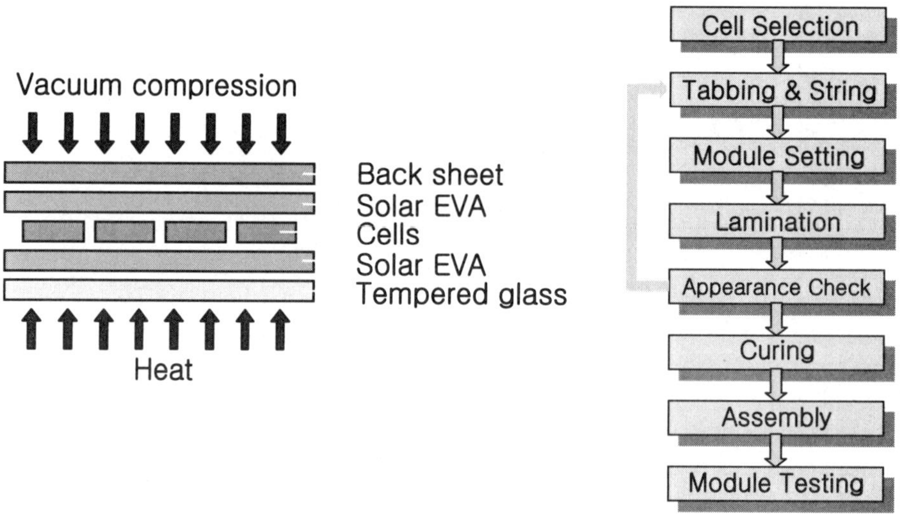

[그림 3-10] 태양광 모듈 구조와 제조공정도

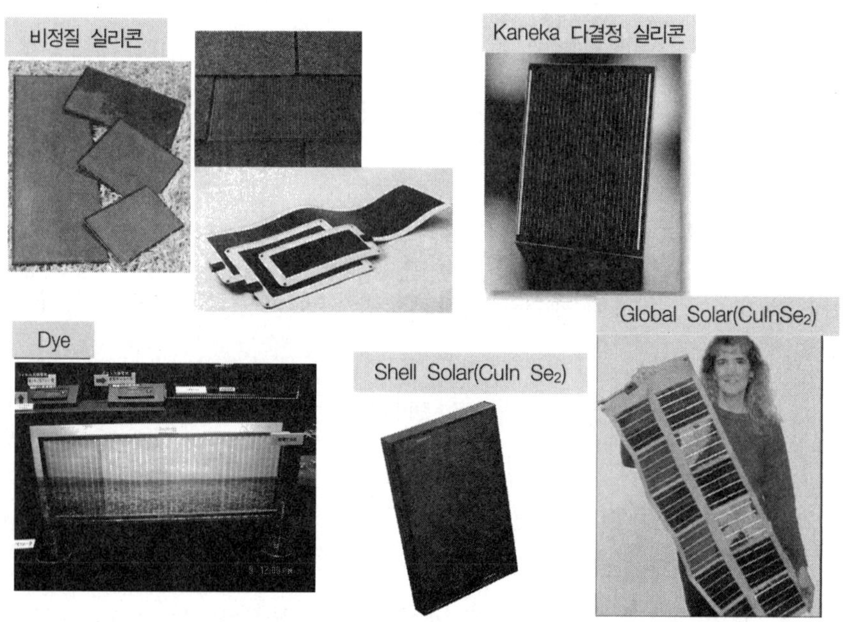

[그림 3-11] 박막 태양광 모듈

4. 태양광 시스템 기술

태양광시스템은 우선 계통선에의 연계 유무에 따라 독립형과 계통연계형으로 구분하고 그 각각은 다시 다음과 같이 분류할 수 있다.

① 가정용 독립형(Off-grid domestic) : 오지, 도서지역 주택 전력공급용
② 비가정용 독립형(Off-grid non-domestic) : 통신, 양수 펌프, 백신용 의약품 냉동보관, 안전표지, 제어 및 항해 보조도구 등 소규모 전력공급용
③ 분산배치 계통연계형(On-grid distributed) : 계통에 연결되어 있는 가정용 주택, 사무용 건물이나 산업용 건물에 전력공급용
④ 집중배치 계통연계형(On-grid centralised) : 기존 발전소 대치 또는 계통 전력의 배전망 보강용

최근에는 태양광 모듈을 주택의 지붕이나 건물의 벽면에 기존의 건축자재와 겸용이 가능하도록 설치한 태양광 시스템이 유럽과 일본, 미국 등에서 대량 보급되고 있는데, 이러한 시스템은 특별히 BIPV(Building Integrated Photovoltaic) 시스템으로 불리고 있다. 건물의 남측에 면한 창이나 아트리움도 그 일부를 태양광 모듈로 처리하여 주간에 채광과 전력생산이 가능하게 된다.

5. 태양광 발전기술의 특징

태양전지를 이용한 태양광 발전은 환경친화적으로 화석연료를 사용하는 다른 발전방식과 같이 대기오염이나 소음의 발생이 없고, 에너지원이 무한하여 석유자원과 같이 고갈의 염려가 없다는 것이 가장 큰 매력이다.

기술적으로 규모(태양전지의 면적)에 의해 발전량은 변하지만 발전효율은 규모에 관계없이 일정하기 때문에 소규모에서 대규모 부하까지 대응할 수 있고, 특히 발전시간이 첨두부하가 걸리는 시간(낮)과 일치하므로 하절기 첨두부하를 줄여주는 부가효과가 있다.

또한 태양빛이 닿는 곳이면 전기를 필요로 하는 어느 장소에서 발전할 수가 있고, 소형으로 만들어 휴대할 수도 있다. 그리고 태양으로부터 오는 직사광뿐

만 아니라 산란광에 의해서도 그 빛의 강약에 따라 전력을 발생할 수 있다. 게다가 발전을 위한 연료공급의 필요가 없는 것은 물론이고 기계적인 구동장치가 없어 거의 보수가 필요 없고, 자동 원격운전이 가능하다. 끝으로 내후성과 신뢰성이 이미 확인되어 현재기술로서도 25년 이상 작동이 가능하다.

〈표 3-6〉 태양광 발전의 장·단점

구분	항목	내용
장점		
	-환경 정합성	: 배가스, 폐열 등 환경 오염과 소음이 없음 (석탄화력발전 대비 약 240g-carbon/kWh 절감)
	-연료, 냉각수 불필요	: 에너지-자원 보존, 입지상의 문제 없음
	-모듈화	: 발전용량의 신축성, 발전시설의 유동성
	-단기건설기간	: 수요증가에 신속 대응 가능
	-부하 패턴 적합성	: 첨두부하 경감, 공급예비력 감소에 효과적 대응
	-무보수성, 고신뢰성	: 무인 자동화 운전 가능, 운전 비용 절감
단점		
	-대면적 필요	: 일사량에 의존, 대규모 발전에 대면적이 필요
	-이용률 낮음	: 야간, 우천시에 발전 불가능
	-불안정성	: 일사량 변동에 따라 출력이 불안정
	-고전류 출력 불가능	: 공급가능 전류에 한계, 급격한 전력 수요 대응 불가

6. 태양광 발전기술의 용도

현재 태양전지는 우주에서부터 가정에 이르기까지 전원공급용으로 광범위하게 활용되고 있다. 태양전지가 처음 만들어진 초기에는 주로 우주용으로 사용되었으나, 이후 전기를 필요로 하는 무인등대나 오지 주민의 응급필수용 라디오나 백신용 저장고의 전원공급용으로 점차 사용범위가 확대되기 시작하였다.

현재는 항공, 기상, 통신 분야에까지 사용되고 있고, 연구개발의 진전과 함께 가로등, 배터리 충전기 등은 물론이고 주택이나 건물의 지붕과 벽체에 기존의 건축자재를 대신하여 사용되는 등 우리 주변에까지 널리 파급되고 있다. 또한 최근에는 태양전지로 구동되는 태양광 자동차(Solar car), 태양광 에어콘 등도 주목을 받고 있다.

〈표 3-7〉 태양전지의 용도

분 야	용 도
우주개발	인공위성, 우주발전
통신시설	일반무선중계기, 마이크로 회선, 방송중계국
항공보안	항공장애등, 항공보안시설, 기타 항공지원시설
기상 · 하천 관측	각종 텔레미터, 텔레미터 중계국, 하천, 댐 텔레미터
항로 · 항만 시설	등대, 등부표, 해상 텔레미터
도로관리	도로표시판, 긴급전화, 무인신호등
산업기기	태양광 발전
농 · 축산업	배수 펌프, 배양 시스템, 온실
교육, 취미 등	광검출기, 완구, 조도계, 교육기기
주택 · 가전	형광등 시스템, 주택용 태양광 발전, 태양광 에어콘, TV 등
자동차	태양광자동차, 충전 스탠드, 전기자동차 보조전원

7. 태양광 발전기술의 중요성

가. 기술적 중요성

앞으로 전개될 국내외 에너지 환경은 새로운 도전과 변화를 예고하고 있다. 전 세계적으로는 석유자원의 고갈 및 고유가, 기후변화협약 발효에 따른 국제적인 새로운 환경 및 무역질서의 도래, 그리고 중국 · 인도 등 거대 개도국의 에너지수요 폭발 등이 가져올 엄청난 도전에 부딪히고 있다.

우리나라의 경우 현재 막대한 에너지 수입에 따른 무역수지 악화의 해소와 함께 향후 지속적인 개발에 필요한 에너지원의 확보가 이미 오래전부터 국가적인 문제로 대두되어 있는 실정이다. 또한 기후변화협약 및 세계적으로 추진되고 있는 환경규제와 관련된 규약은 제품생산에 있어서 온실 가스의 배출량을 최소화하도록 유도하고 있어 에너지 다소비국인 우리나라로서는 국가경쟁력 향상을 위해 환경친화적인 새로운 에너지원의 독자적인 개발이 절실히 요구되고 있다.

기술개발시 고부가가치 산업의 창출이 가능하지만 기술의 공공성이 높으며, 현재로서는 경제성이 취약하여 장기간의 기술개발이 요구되는 신에너지 기술은 선진국에서 국가적인 차원에서 추진되고 있는데, 미국은 DOE의 National

Photovoltaic Program, 일본은 NEDO의 New Sunshine 프로그램으로, 그리고 유럽에서는 JOULE 프로그램에 이어 Framework 프로그램하에서 차세대 태양전지 기술개발에 집중 투자하고 있다.

다양한 태양전지를 이용한 태양광 발전은 주택의 지붕이나 건물의 외벽에 모듈을 설치하여 필요한 전기부하를 충당하고 과잉 · 부족분은 계통선과 연계 보충하는 분산형 발전방식에 가장 적합한 기술로 특히 주간의 첨두부하 해결에 최적의 기술로 인정받고 있다. 설치장소가 부족한 일본, 유럽 등의 선진국이나 우리나라로서는 가장 바람직한 방안으로 그 잠재시장이 지대하다.

에너지와 환경문제의 동시 해결 차원에서 미국은 백만호의 주택에 태양광을 보급하는 계획을 추진하고 있고, 일본과 독일도 정부주도하에 대규모 보급 지원 프로그램을 추진하고 있다. 태양전지의 가격이 획기적으로 낮아지면 주택과 건물용뿐만 아니라 사막과 같이 일사량이 풍부한 지역에 대량으로 설치할 수 있어 전 세계적 차원에서 에너지 공급문제의 해결에 결정적 역할도 기대가 된다.

IEA(국제에너지기구)의 2000년 보고서 "Experience Curves for Energy Technology Policy"에 의하면 집중적인 연구개발 투자시 [그림 3-12]에 나타낸 바와 같이 전 세계 에너지 수요의 상당 부분을 태양광 발전(PV, PV-h2)과 연료전지(Fuel cell)로 충당 가능하여 21세기 에너지 시장을 주도할 것으로 예측되고 있다(IEA Report 2000).

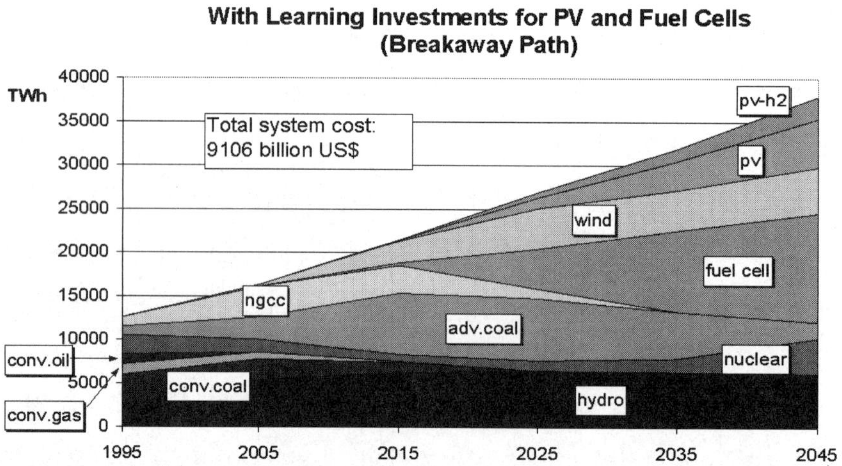

[그림 3-12] Breakaway Path with Learning Investment for PV and Fuel Cell

기존 발전방식(화력발전 등)과 경쟁 가능한 목표 달성을 위해서는 태양전지의 저가 고효율화 기술개발이 관건이다. 현재 제 1세대 태양전지인 결정질 실리콘 태양전지는 이미 상용화되어 시장의 85% 이상을 차지하고 있고, 이어 2세대라 할 수 있는 비정질 실리콘 박막 태양전지가 약 8%를 차지하고 있다.

차세대 태양전지의 연구개발에 미국과 일본은 정부주도로 매년 수천만 US$를 투자하여 동 분야의 기술개발을 선도하고 있는데, 동 분야는 선진국에서도 아직 연구개발 단계로 상대적으로 기술 격차가 적고 국내에서도 요소기술 개발을 통해 핵심기술에 대한 기반을 갖고 있기 때문에 집중 개발이 이루어질 경우 선진국과 경쟁할 수 있는 실용화 기술의 개발이 가능할 것으로 판단된다.

특히 동 기술은 우리나라가 전 세계적으로 그 기술을 자랑하고 있는 반도체와 디스플레이 기술과 유사하여 기술개발 및 산업화에 필요한 인프라를 활용할 수 있어 매우 유리한 위치에 있다.

동 분야는 첨단기술 분야로 선진국이 기술이전을 기피하기 때문에 자체적인 개발이 불가피한데, 동 기술의 개발결과는 태양전지 제조기술의 국산화는 물론 태양전지 제조장비 기술의 국산화, 태양전지 소재(금속, 유리, 세라믹, 화공) 기술의 개발에도 크게 기여할 수 있다. 또한 태양전지 모듈의 건축자재화에 따른 새로운 건축기술의 개발에 대한 파급효과도 엄청날 것이다.

나. 사회 · 경제적 중요성

에너지 부존자원이 빈약한 국내의 상황에서 기존 주택이나 건물의 지붕, 벽면에 태양전지를 설치한 태양광 발전으로 약 19GW의 발전설비를 구축할 수 있고, 국내 평균 일사량을 감안할 경우 태양광 발전효율 10%만으로도 연간 발전량이 약 14,100GWh에 이르는데, 이는 2002년 국내발전량 약 306,474GWh의 4.5%에 달한다.

신축 주택이나 건물을 감안하면 그 기여도는 그 몇 배에 달할게 될 것이다. 또한 분산형 발전의 대량보급으로 하절기 첨두부하의 절감은 물론 송배전 시설에 필요한 투자도 절약할 수 있다.

환경 측면에서는 기후변화협약 등 국제 환경규제에 능동적으로 대처할 수 있는 방안을 확보할 수 있는데, 1995년도 국내 화석 에너지 소비에 따른 이산화탄소 배출량은 약 100.8백만톤으로 1인당으로는 약 2.23톤이다. 앞에서 언급한 태양전지 잠재 발전량을 충족할 경우 그에 따른 이산화탄소 배출 절감량은 약 12.8백만톤에 달한다. 각 가정에 평균 약 3kW의 태양광 발전을 설치할 경우 연간 2.39톤에 달하는 이산화탄소 배출량을 절감할 수 있다는 계산이 된다. 무공해, 모소음, 무보수 태양광 전원 공급에 의한 국민복지의 향상도 중요한 요소이다.

태양전지는 21세기 에너지 시장을 선도하는 첨단지식 기반 산업으로 국내의 시장 및 고용창출은 물론 전 세계를 상대로 한 수출산업으로 육성이 가능하다. 2002년도 세계시장은 약 35억$로 최근 성장률 연간 30%를 상회하고 있는데, 2020년도 전 세계시장은 현재보다 보수적인 신장세를 감안하더라도 최소 약 150억$로 확대될 전망이다.

특히 기존의 발전방식과 경쟁이 가능한 새로운 태양전지가 개발되면 전력시장 전체가 그 대상이 될 것임은 자명하다. 특히 인근에 많은 인구는 물론 태양전지의 설치가 가능한 사막 등을 보유한 중국, 몽골을 두고 있는 점도 우리에게는 그 의미가 매우 크다. 또한 지상용과는 별도로 우주선 및 성층권의 통신용 비행선에 소요되는 태양전지도 지상용 태양전지 시장에 버금가는 수준으로 발전할 것이다.

제 4 절
디스플레이 분야(BLU)

1. BLU 구조와 역할

디지털 멀티미디어 기기의 핵심 디스플레이로 부상된 TFT-LCD는 자체적으로 발광을 할 수 없기 때문에 외부의 광원이 필요하다. 이때 빛을 제공하여 주는 장치를 백라이트유닛(BLU : Back Light Unit), 프론트라이트유닛(FLU : Font Light Unit)이라고 하며, 일반적으로 램프(광원), 도광판(LGP : Light Guide Panel), 프리즘시트, 확산 시트, 반사 시트 등의 부품으로 구성된다.

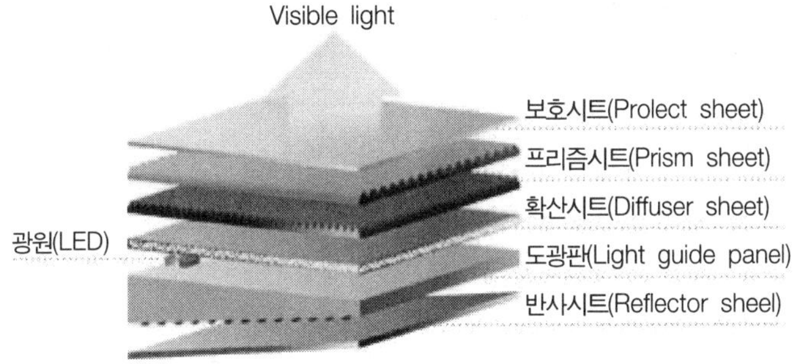

[그림 3-13] BLU 구조

가. 보호 시트(Protect sheet)

프리즘시트는 Scratch 발생이 쉽고, 프리즘시트 2매 사용시 모아레 현상이 나타날 수 있으므로 이를 방지하는 역할을 하며, 빛을 확산시켜 프리즘시트에 의해 좁아진 시야각을 넓혀주는 기능을 수행한다.

나. 프리즘시트(Prism sheet)

확산시트에서 나오는 빛을 굴절, 집광시켜 Backlight 표면에서 휘도를 상승시키는 역할을 한다.

다. 확산 시트(Diffuser sheet)

도광판 상면에 위치하여 도광판 표면으로부터 일정한 방향으로 빠져 나오는 빛을 산란시켜 도광판 표면 전반에 걸쳐 골고루 퍼지게 하는 기능을 한다.

라. 도광판(Light Guide panel)

투명한 PC 또는 아크릴 패널을 이용해 램프로부터 발산되는 빛을 받아들이고, 이 아크릴 표면에 증착된 일정면적과 모양을 가진 패턴을 통해 화면 전 영역에 걸쳐 빛을 균일하게 분포시켜 주는 역할을 한다.

마. 반사 시트(Reflector sheet)

도광판 아래 면으로 빠져 나오는 빛을 다시 반사시켜 도광판 내로 돌려보내는 기능을 수행한다.

2. BLU와 FLU

가. BLU(Back Light Unit)

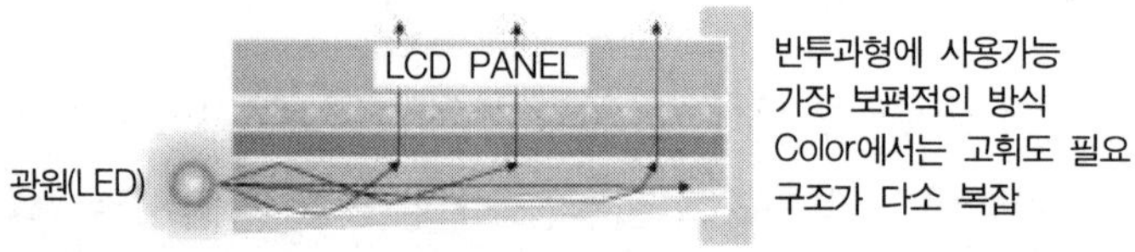

[그림 3-14] BLU 빛전달 방식

BLU(Back Light Unit)는 반 투과형 LCD 패널 전체에 고르게 빛을 전달하는 조광장치로 사용되며, LCD 패널에서는 투과되는 빛의 양을 일정하게 조절하여 화상을 표현하는 광원장치이다.

휴대폰 및 PDA, Smart Phone의 Display로 사용되는 LCD(반투과용, 투과형)의 Lighting Source로써 Color Display를 최고의 색상을 구현할 수 있게 해 준다.

나. FLU(Front Light Unit)

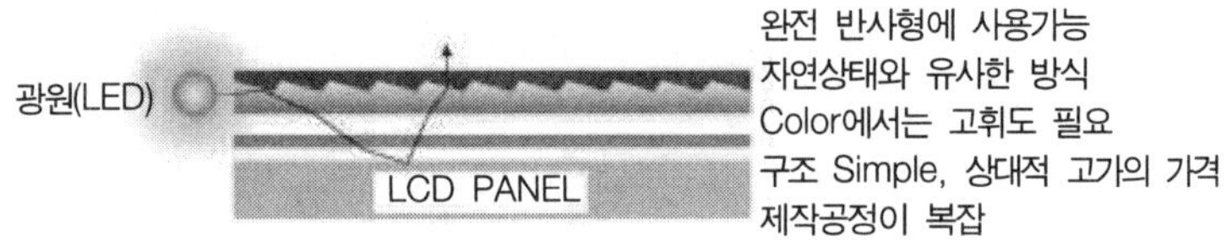

[그림 3-15] FLU 빛 전달 방식

FLU(Front Light Unit)는 LCD 패널 장비에 적용되는 반사형 Color LCD에 최적화되어 절전 및 어떠한 조건에서도 완벽하게 컬러 재현이 가능하도록 제어하는 차세대 광원장치이다.

IMT 2000 Service 단말기를 주요 Target으로 Back Light Unit보다 저소비전력과 고품위 화상을 지원할 수 있는 차세대용 LCD Lighting Source이다.

3. BLU의 기술현황

BLU는 LCD 장치의 표시성능, 구조, 소비전력 등에 직접적으로 영향을 주어 LCD 패널의 상품가치를 결정하는 주요 구성요소이다.

현재 BLU에 대한 기술개발은 고휘도, 박형화, 저전력화 중심으로 개발되고 있으며, 부품별로는 대체광원에 대한 연구, 도광판의 공정 단순화와 시트 기능의 복합화를 위한 노력 등으로 이어지고 있다.

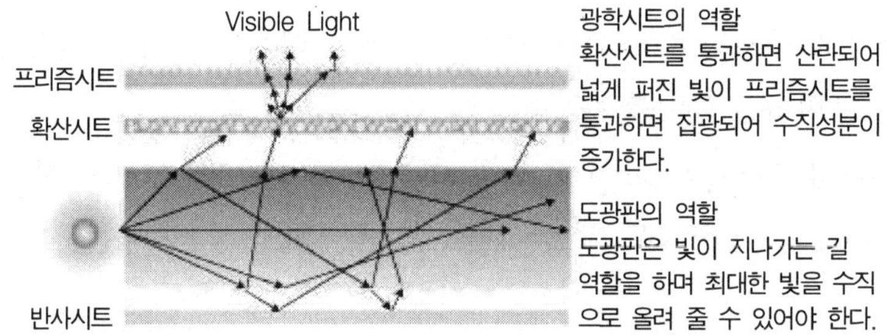

[그림 3-16] BLU 광학시트와 도광판 역할

Light Guide 상태에서 확산시트, 프리즘시트를 추가하면서 빛이 가운데로 몰려서 측정 휘도가 증가하게 된다. 따라서 Back light의 특성(휘도)을 개선하기 위해서는 최적의 시야각 안으로 빛을 최대한 모으는 방향으로 진행되어야 한다.

제 4 장

조명제어 실무기술

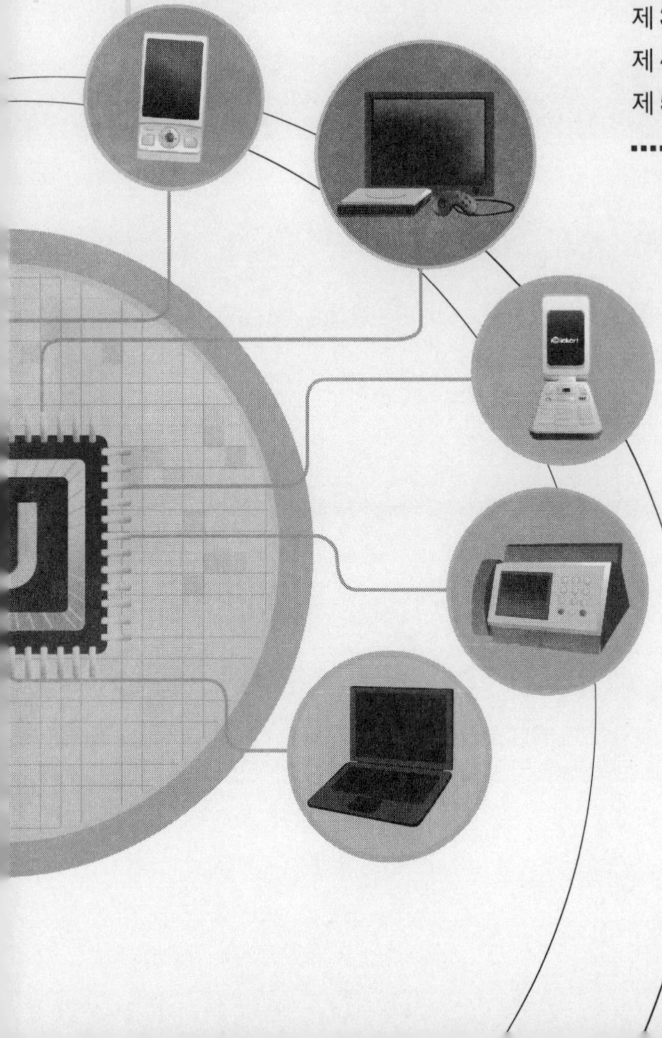

제 1 절 DOT MATRIX

1. DOT MATRIX의 원리

여러 개의 LED를 매트릭스 형태로 배열시켜서 기판상에 부착시킨 것이 도트 매트릭스(DOT MATRIX)이다. LED를 몇 개씩 배열해서 만들었는지 따라서 8×8, 16×16 등으로 나뉜다. 단색 LED로만 구성된 도트 매트릭스와 3가지 색을 만들 수 있는 LED로 구성된 도트 매트릭스가 있다. 공통적인 부분을 하나로 묶어서 com 단자를 만든다. +com, −com의 2가지가 있다. 지하철 등의 전광판이나 상업용 간판을 만들 때에는 기본 셀 8×8 또는 16×16을 확장해서 사용할 수도 있고, 전체의 크기에 맞추어서 LED를 삽입하여 만들기도 한다.

2. DOT MATRIX의 구조

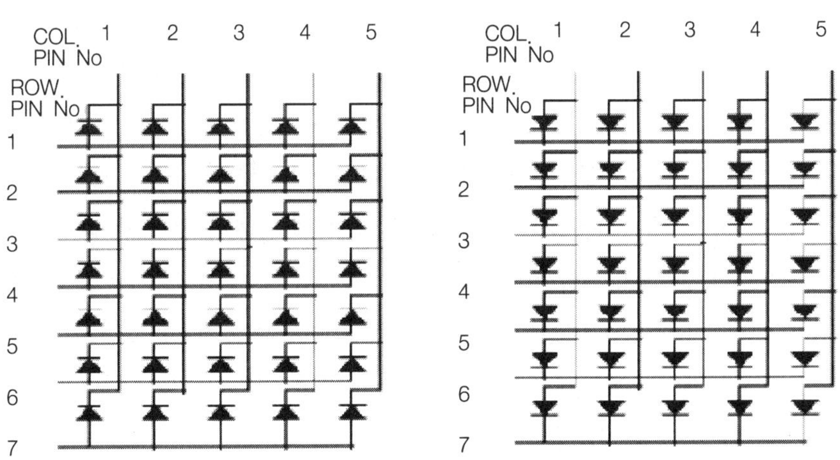

(a) Cathode common (b) Anode common

[그림 4-1] DOT MATRIX 접속방식

3. DOT MATRIX의 종류

DOT MATRIX에는 5×7, 8×8, 16×16 등의 매트릭스로 이루어진 것과 컬러 수에 따라 단색 또는 다색으로 이루어진 것이 있다.

(a) 8×8 DOT MATRIX

(b) 16×16 DOT MATRIX

[그림 4-2] DOT MATRIX 종류

4. DOT MATRIX의 작동원리

우리가 보는 도트 매트릭스 전광판을 디스플레이하기 위해 우선 기본적으로 어떤 식으로 표시를 하는지에 대해서 얘기를 하면, 디스플레이 전체를 한꺼번에 켜주는 것이 아니다. 물론 그런 방법으로 켜줄 수도 있으나, 비효율적이거니와 막대한 전력소모로 유지하기가 힘들 것이다.

마치 TV나 영화를 볼 때처럼 눈의 잔상효과를 이용한다. 예를 들어 16×16 도트 매트릭스를 표시하기 위해서 한 줄 한 줄 16줄을 차례대로 표시하면 우리 눈에는 마치 16*16의 도트 매트릭스가 한 번에 켜진 것처럼 보인다.

이때 한 줄을 표시하는 시간은 다음과 같은 계산에서 찾아낼 수가 있다. 보통 PC나 TV 모니터는 1초에 60번 정도의 화면을 뿌리는데 이렇게 60번 정도를 뿌려야 사람의 눈이 깜빡임을 느끼지 못한다. 그래서 도트 매트릭스에서도 약 60 정도를 뿌리게 되는데, 한 장을 뿌리는데 걸리는 시간은 1/60이고, 이것을 다시 16줄은 한 줄 한 줄 뿌려야 하므로 (1/60)/16=약 0.001초가 된다.

결국 한 줄을 1ms 동안 표시하면 1초에 60 정도의 화면을 뿌려서 우리 눈에는 마치 디스플레이가 한 번에 켜진 것처럼 볼 수 있다. 만약 이 1ms보다 빠른 시간으로 표시하여 1초에 60장 이상을 표시하겠다고 하면 불의 밝기가 흐려지고 잔상이 남을 수가 있으며, 1ms보다 느리면 불의 밝기는 밝아지지만 깜빡거림을 느낄 수 있게 된다. 그러므로 약 1ms가 제일 적당하다.

5. DOT MATRIX의 이용분야

현재 도트 매트릭스를 이용한 전광판은 여러 가지 분야에서 널리 사용되고 있다.

지하철역이나 공항 또는 버스터미널 등에 가면 현재 교통상황 등을 알려주는데 장치로써 사용되고 있으며, 이러한 문자 및 도형뿐만 아니라 고층건물의 위를 화려한 동영상으로 장식해주는 광고판으로써도 사용되고 있다. 이렇게 도트 매트릭스 LED는 우리 생활에 깊숙이 들어와 있으며 앞으로도 더욱 많은 곳에서 사용될 것이다.

[그림 4-3] DOT MATRIX 사용-지하철 전광판

6. DOT MATRIX 회로도

8255 : 프로그램으로 입출력 설정이 가능하고 3개의 PORT를 내장하고 있다. 입출력 설정을 하고 사용하고자 하는 포트를 선택한다. B와 C포트 출력부에 ULN2803을 접속하여 DOT MATRIX의 색깔을 지정하는 신호로 사용한다. 나머지 A포트는 한 라인의 선택으로 사용된다. TR A1015를 사용하여 스위칭하도록 한다.

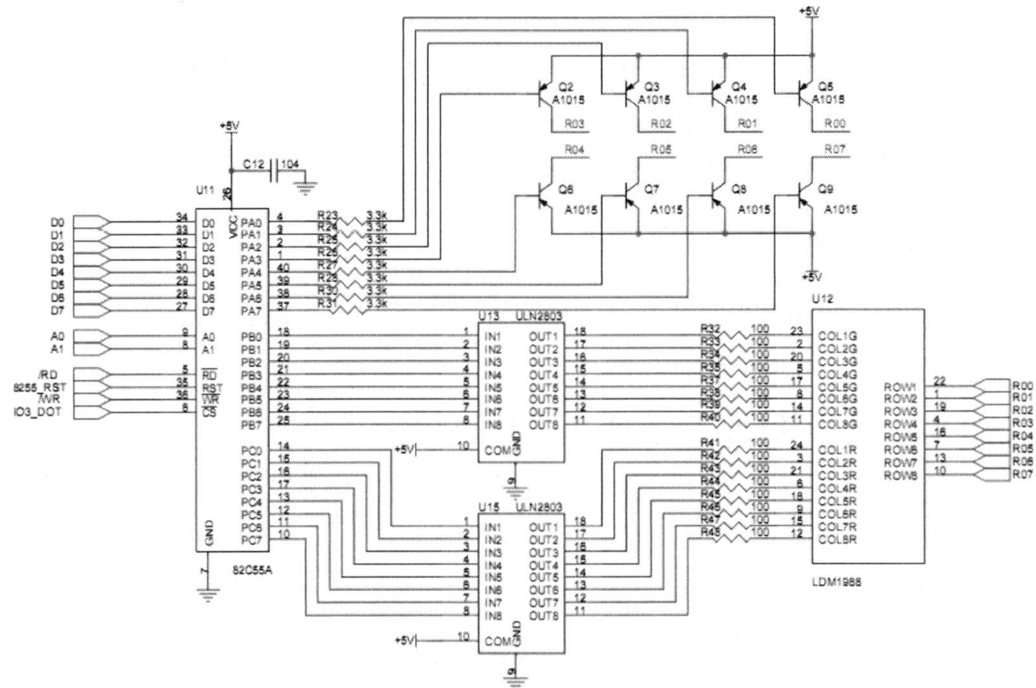

[그림 4-4] DOT MATRIX 부분 회로도

제 2 절 OLED

1. OLED란

유기 다이오드, 유기 EL이라고도 한다. 형광성 유기화합물에 전류가 흐르면 빛을 내는 전계 발광현상을 이용하여 스스로 빛을 내는 '자체 발광형 유기물질'을 말한다. 낮은 전압에서 구동이 가능하고 얇은 박형으로 만들 수 있다. 넓은 시야각과 빠른 응답속도를 갖고 있어 일반 LCD와 달리 바로 옆에서 보아도 화질이 변하지 않으며 화면에 잔상이 남지 않는다.

또한 소형 화면에서는 LCD 이상의 화질과 단순한 제조공정으로 인하여 유리한 가격 경쟁력을 갖는다. 휴대전화나 카오디오, 디지털 카메라와 같은 소형기기의 디스플레이에 주로 사용되고 있다.

[그림 4-5] 여러 가지 OLED

2004년 현재 OLED의 기판 재질로는 유리를 사용하고 있으나 필름을 사용할 수 있게 되면 구부려서 들고 다닐 수 있는 디스플레이도 불가능한 일은 아니다. 컬러 표시 방식에 3(Red, Green, Blue)색 독립화소방식, 색변환 방식(CCM), 컬러 필터 방식이 있으며 디스플레이에 사용하는 발광재료에 따라 저분자 OLED와 고분자 OLED, 구동방식에 따라 수동형 구동방식(Passive matrix)과 능동형 구동방식(Active matrix)으로 구분한다.

2. OLED 전용 드라이버

ER1100에서 사용되는 OLED는 전용 드라이버(driver)를 내장한 제품이다. [그림 4-6]은 ER1100에서 사용되는 OLED에 관한 블록도를 보여준다.

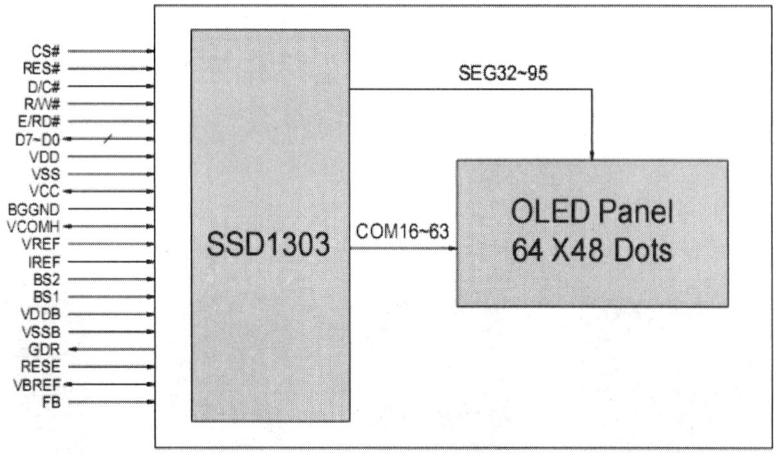

[그림 4-6] OLED 내부 블록도

3. SSD1303 제어

SSD1303의 전용 드라이버의 접속 통신방식은 모토로라, 인텔의 Parallel과 SPI 방식을 제공한다. 여기서는 SPI 방식으로 제어를 하기로 한다. SPI는 Serial Peripheral Interface의 약자로서 모토로라사에서 개발되었다. 4개의 통신선으로 고속 통신을 하는 직렬방식의 고속 동기식 직렬 통신이다.

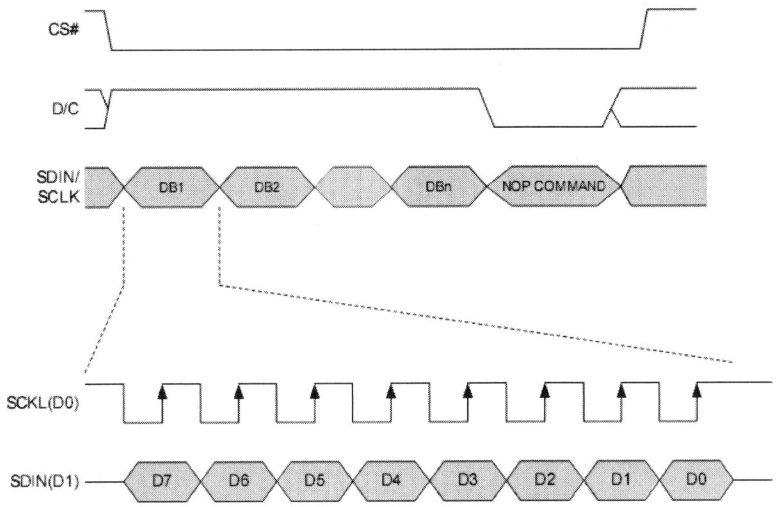

[그림 4-7] SD1303 SPI 모드에서 데이터 쓰기

〈표 4-1〉 SD1303 SPI 신호 타임

(V_{DD}-V_{SS}=2.4 to 3.5, T_A=25°C)

Symbol	Parameter	Min	Typ	Max	Unit
t_{cyde}	Clock Cycle Time	250	-	-	ns
t_{AS}	Address Setup Time	150	-	-	ns
t_{AH}	Address Hold Time	150	-	-	ns
t_{CSS}	Chip Select Setup Time	120	-	-	ns
t_{OSH}	Chip Select Hold Time	60	-	-	ns
t_{DSW}	Write Data Setup Time	100	-	-	ns
t_{DHW}	Write Data Hold Time	100	-	-	ns
t_{CLKL}	Clock Low Time	100	-	-	ns
t_{CLKH}	Clock High Time	100	-	-	ns
t_R	Rise Time	-	-	15	ns
t_F	Fall Time	-	-	15	ns

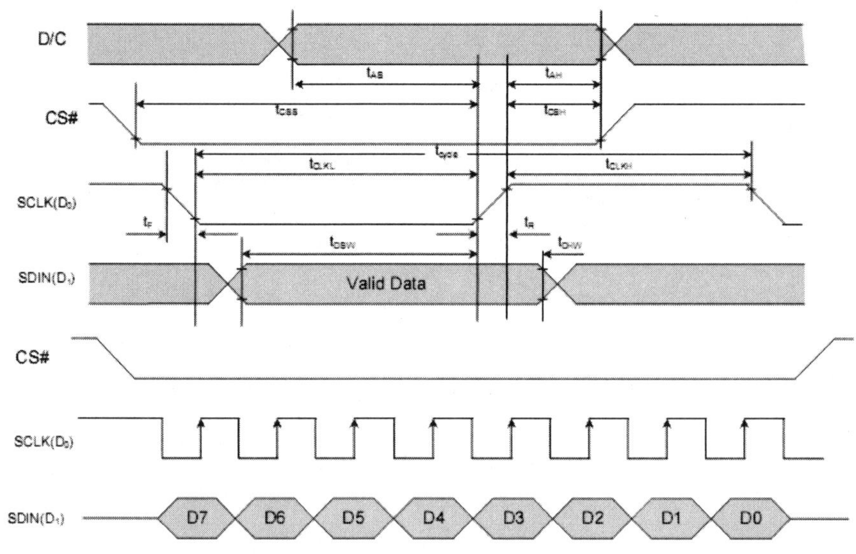

[그림 4-8] SD1303 SPI 타이밍도

4. OLED 회로도

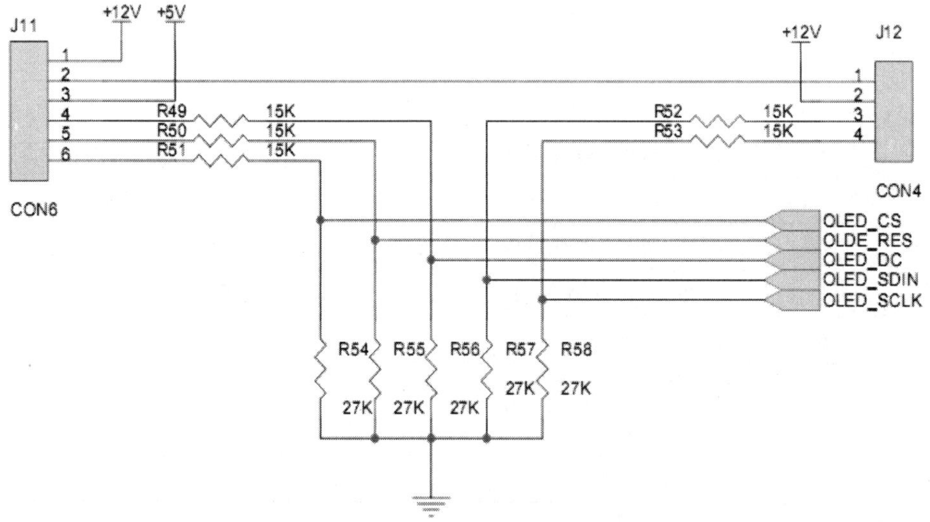

[그림 4-9] OLED 부분 도면

ATmega128의 공급전압이 5V일 때 출력 High 레벨은 4.2V 정도이다. 하지만 OLED 모듈의 High 레벨은 3V이므로 전압 분배를 통하여 3V 정도의 신호로 되어진다.

제 3 절
A/D 컨버터와 D/A 인버터

1. A/D 컨버터 개요

A/D 컨버터는 아날로그 신호를 디지털 형태의 데이터로 변환하는 특수한 부호기이다. A/D 컨버터는 연속된 아날로그 입력을 불연속의 디지털 출력으로 변환하는 회로이다. 이때 어느 범위 내의 아날로그 입력을 몇 비트의 디지털 값으로 변환하는가를 나타내는 것이 A/D 변환의 분해능이라 한다.

분해능이란 디지털 출력의 1비트에 대응하는 아날로그 입력의 변화량으로 아날로그 입력이 가해진 다음 디지털 출력이 나오므로 이러한 변환에는 어떠한 변환 시간이 필요하다. 디지털 출력의 스텝수가 많아질수록 변환 시간은 길게 걸린다. A/D 컨버터의 목적에 따라서 변환 시간이 짧아야 한다는 것이 요구되는 수가 있다. 그래서 단위시간당의 A/D 변환 횟수를 변환 레이트(Conversion rate)라 하고 있다.

따라서 분해능을 높게 하면 변환 레이트는 저하되는 것이다. 또한 저가인 A/D 변환회로는 일반적으로 변환 레이트가 낮다. A/D 컨버터를 절약하기 위해 복수 개의 아날로그 입력을 하나의 A/D 컨버터에 가하는 경우가 있다. 단 이것에는 아날로그 멀티플렉서가 필요한데, 아날로그 멀티플렉서(Analog multiplexer)란 다수의 아날로그 입력 가운데에서 하나를 선택하여 출력하는 선택회로를 말한다.

그리고 선택된 아날로그 입력 전압을 A/D 변환이 종료할 때까지의 시간, 그 전압을 샘플링(Sampling : 표본화)하여 이것을 일정시간 홀드(Hold : 유지) 하기 위한 회로가 샘플 홀드 회로이다.

가. MCP3202

MCP3202(Microchip사 제품)는 축차 비교형 2채널 12비트 분해능을 가지는

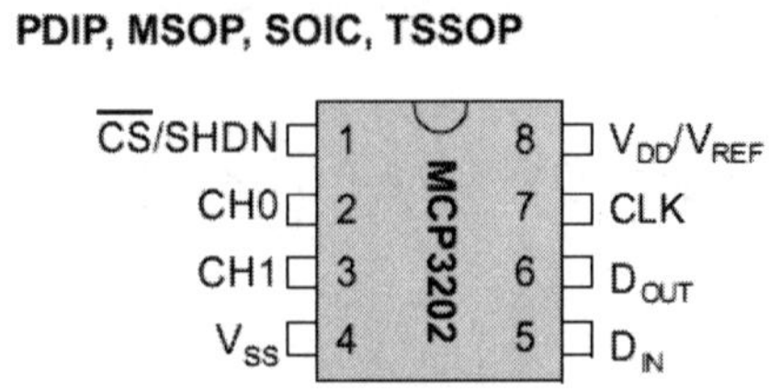

[그림 4-10] MCP3202 Package Type & Pinout

컨버터이며 SPI 통신방식으로 인터페이스한다.

① CH0/CH1 : 아날로그 입력 채널(pin2, 3)

② CS/SHDN : Device 선택 PIN, Low active(pin1)

③ CLK : 변환을 시작하기 위해 사용되고 변환이 발생되었을 때 각 변환에 대한 비트를 출력하기 위해 사용한다.

④ D_{IN} : 입력 채널 설정을 하기 위해 사용한다.

⑤ D_{OUT} : A/D변환의 결과를 출력하는 핀

나. 회로도

점퍼 스위치를 이용하여 아날로그 입력의 종류를 바꿀 수 있다.

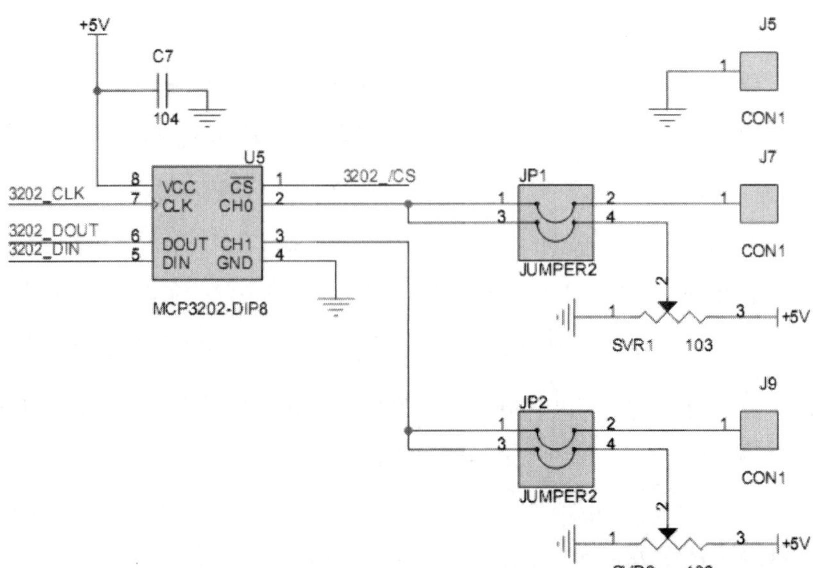

[그림 4-11] CPE-ER1100의 MCP3202 회로도

JP1의 1과 2를 점퍼하고 외부의 아날로그 신호를 입력한다. CPE-ER1100의 테스트모드로서 활용하도록 가변저항이 장착되어 있다. 이 점퍼스위치를 3과 4를 연결하면 가변저항에 대한 아날로그 값이 MCP3202로 입력된다.

2. D/A 변환기

가. D/A 변환기

DAC는 디지털/아날로그 변환기를 말하며 여기서 사용되는 DAC0800은 8비트 High-Speed Current-Output D/A 변환기로 변환시간은 100ns 정도 소요된다.

나. DAC0800 특징

TTL, CMOS, PMOS와 인터페이스 가능하고 전원 전압의 범위는 ±4.5V~±18V까지이다. 소비전력은 +5V 레벨에서 33mW 정도이다.

다. DAC0800 핀 구조 및 구성

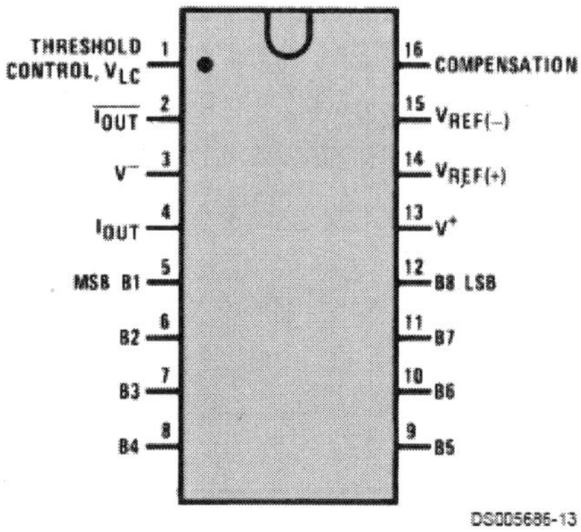

[그림 4-12] DAC0800 핀 구조

① V_{LC}핀은 일반적으로 GND와 연결하여 사용한다.

② B1~B8은 출력될 아날로그 전압에 비례한 데이터 정보 입력단자이고 래치가 되어 있는 데이터들을 연결한다.

③ V_{REF}+, V_{REF}−은 D/A 출력으로 사용될 기준전압을 제어하는 단자이다.

㉠ D/A의 출력범위가 0~5V → V_{REF+} : +5V → V_{REF-} : GND

④ +VS, −VS 핀은 전원단자이다.(입력범위 : ±4.5V ~ ±18V)

⑤ COMP 핀은 V_{REF+}와 V_{REF-}를 비교해 주는 단자이다.

⑥ IOUT/, IOUT 핀은 DAC0800의 전류 출력 핀이다.

라. 회로 구성 및 설명

74HC574로 8비트 데이터 값을 쓰면 그 값에 해당되는 아날로그 신호를 DAC0800가 IOUT으로 출력한다.

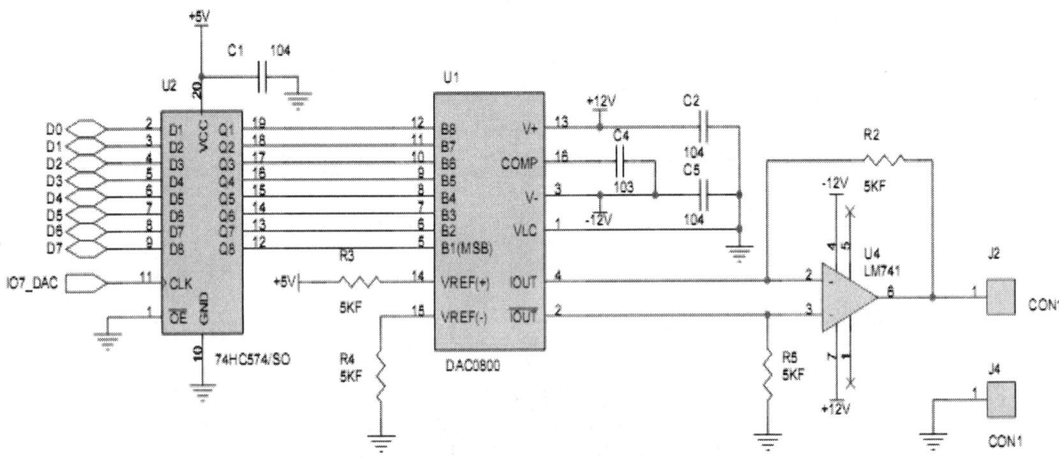

[그림 4-13] DAC0800 부분 도면

제 4 절
Dimming 컨트롤

1. AC Dimming

마이크로프로세서의 약한 전압(DC 5V)으로 AC 220V를 사용하는 조명의 밝기를 변화시킬 수 있다. Dimming이란 사전적 의미로 보면 어둡하게 하다, 흐리게 하다로 나와 있는데, AC Dimming이라고 하면 에너지 측면에서 입력 에너지의 전부를 사용하지 않고 %별로 나누어 AC를 통과시키면 부하에 공급되는 에너지가 달라질 것이다. 이러한 방법으로 AC 전원을 제어한다면 AC 220V를 사용하는 조명의 밝기를 어둡게 제어할 수 있다.

가. TRIAC

TRIAC은 1964년 미국의 G.E사에서 개발되었다. AC 제어가 가능하며, [그림 4-14]와 같이 심벌 기호를 보면 다이오드 2개가 양방향으로 결합되어 있고, 제어

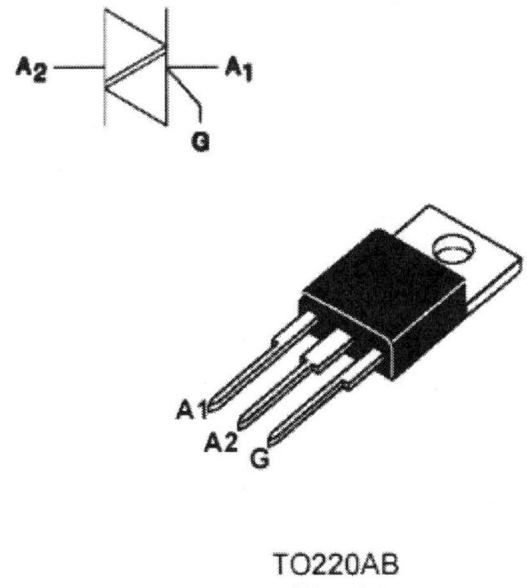

[그림 4-14] TRIAC

단자인 Gate 단자가 나와 있다. Gate에 의한 턴 온 기능을 가지고 있어서 트리거 신호로 도통된다. 무접점 스위치나 위상제어회로, 전동기의 속도제어회로에 사용된다.

나. 회로도 및 설명

[그림 4-15]에서 보면 CON3의 AC220V 1차 측 입력에서 유도된 2차 출력 전압이 브리지 다이오드를 거쳐서 DC로 정류될 것이다. 비교기의 +입력으로 입력되고 −입력 부분은 0.2V 정도의 입력을 가지는 비교기이다. +입력부에는 제너 다이오드(D6)의 특성상 항상 3.3V 전압이 형성될 것이다. 3.3V 미만의 입력 전압에서는 개방 상태가 되므로 −입력의 0.2V 입력보다 높은 시점의 +입력 전압까지는 항상 5V 전압이 출력되고, −입력의 0.2V보다 낮은 전압일 경우 0V 출력이 된다.

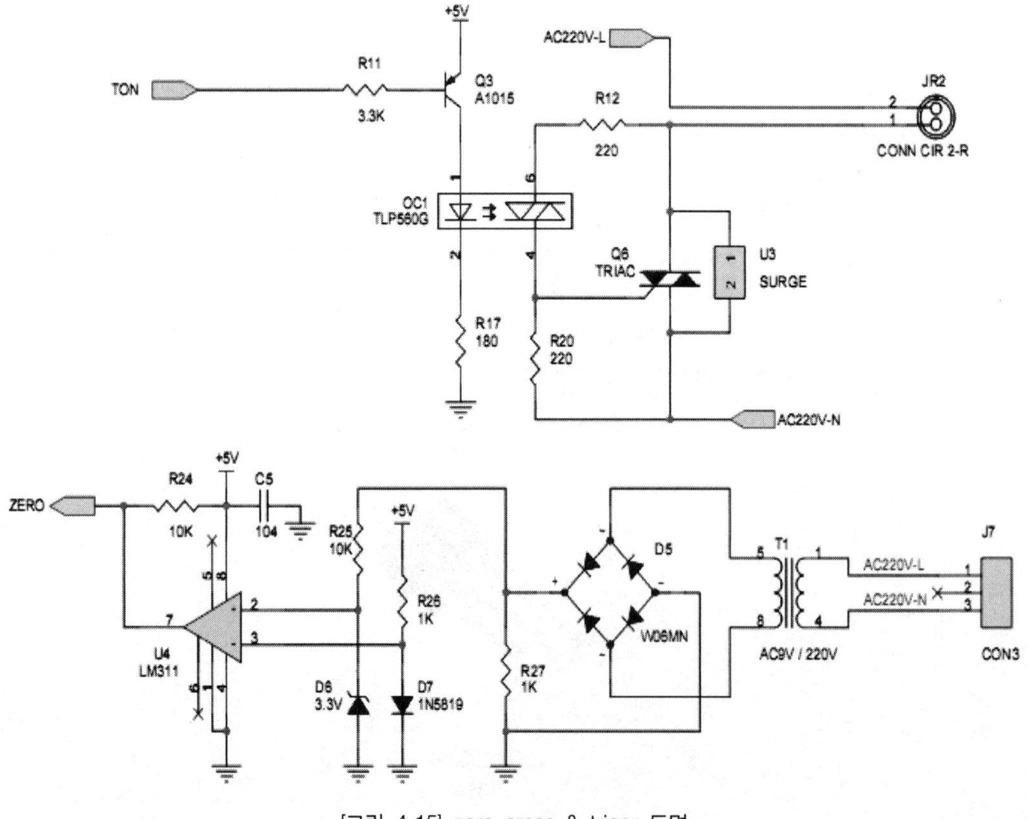

[그림 4-15] zero cross & triger 도면

즉 논리적으로 1과 0의 출력이 발생되는 구조이다. 60Hz의 반주기에 해당되는 시간은 약 8msec이므로 비교기의 출력이 0V되는 시점에서 외부 인터럽트를 받아서 그때부터 타이머/카운터로 대략 800μsec 간격으로 Overflow 인터럽트를 실행하면 8msec의 구간 내에서는 10회 정도의 Overflow 인터럽트가 가능하다.

이것은 60Hz의 반주기에 해당되는 파형을 10등분으로 나눌 수 있다는 의미이며, 원하는 에너지를 %단위로 제어가 가능하다는 의미이다. ATmega128 타이머/카운터의 기능 및 레지스터는 다음 장에서 알아보기로 한다.

2. DC Dimming

ATmega128의 타이머/카운터의 PWM 출력으로 DC 램프의 밝기를 조절할 수 있다. ATmega128에는 4개의 타이머/카운터가 있다. 여기에서는 타이머/카운터의 기능과 종류에 관하여 알아보기로 한다. ATmega128에는 4개의 타이머/카운터가 있다. 8비트 구조와 16비트 구조로 2개씩 나누어져 있다. 타이머/카운터 0, 2는 8비트 구성이며, 타이머/카운터1, 3은 16비트 구조로 되어 있다.

가. 타이머/카운터 0(8비트)

(1) 일반 모드

TCCR0의 WGM01, 00의 값을 0, 0으로 설정하면 일반 모드로 작동을 한다. TCNT0는 항상 업 카운터로 작동하며, 카운트 도중에 클리어되는 일이 없다. 입력값은 0x00~0xFF의 값으로 계수 동작이 반복하여 수행된다. 카운트 값이 0xFF에서 0x00으로 바뀌는 순간에 TIFR 레지스터의 TOV0의 비트가 1로 되면서 인터럽트가 발생한다.

(2) CTC 모드

레지스터의 설정은 TCCR0의 WGM01, 00의 값을 1, 0으로 설정하면 CTC 모드로 작동을 한다. TCNT0의 값이 출력 비교 레지스터 OCR0의 값과 일치하면 그 다음 클록 사이클에서 0으로 클리어된다. 0x00~OCR0의 값으로 동작 반복한다. 카운터 값이 OCR0의 값과 일치하여 TOP에서 0x00의 값으로 되는 순간 TIFR 레지스터에서 OCF0가 1이 되면서 출력 비교 인터럽트가 발생한다.

카운트 도중에 OCR0에 TCNT0보다 작은 값을 쓰면 그 주기에서는 출력 비교에 실패하며 카운터는 0xFF까지 증가하였다가 0x00이 된다. 이때 TOV0은 1로 되면서 오버플러 인터럽트가 발생한다. 이 모드에서는 OC0단자에서 출력을 발생할 수 있다. TCCR0의 COM01, 00을 0, 1로 설정하면 토글 신호가 출력된다. 주파수 계산은 식 (4-1)과 같고, N은 프리스케일러의 분주비이다. (N=1, 8, 32, 64, 256, 1024)

$$f_{OCn} = \frac{f_{clk\_I/O0}}{2 \cdot N \cdot (1 + OCR_n)} \tag{4-1}$$

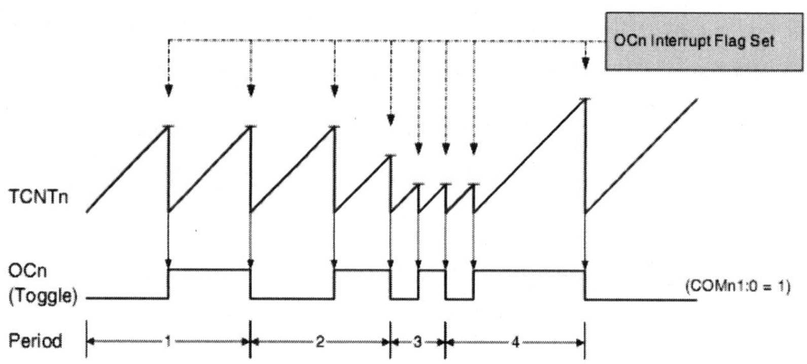

[그림 4-16] 타이머/카운터0의 CTC 동작

(3) 고속 PWM 모드

고속 PWM 모드를 사용하기 위한 레지스터의 설정은 TCCR0 레지스터의 WGM01, WGM00의 값을 1, 1로 설정하면 되고 높은 주파수의 PWM을 발생할 수 있다. TCNT0의 계수 동작은 0x00에서 0xFF의 범위에서 증가 반복한다.

TCNT0의 값은 OCR0의 값과 비교하여 동일한 값일 경우 OC0 출력신호가 0으로 되고, TCNT0가 0xFF에서 0x00으로 오버플로우되면 OC0 출력신호가 1로 된다. COM01, 00을 1, 0으로 설정하면 OC0단자는 정상 출력되고 1, 1로 설정하면 반전된 출력으로 동작한다. PWM 출력 주파수는 식 (4-2)와 같다 .(N=프리스케일러 1, 8, 32, 64, 256, 1024)

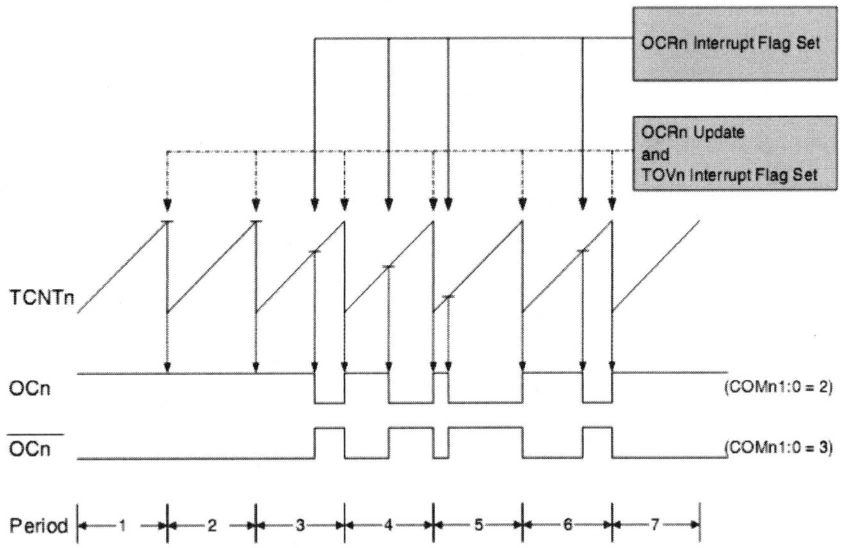

[그림 4-17] 타이머/카운터0의 고속 PWM 동작

$$f_{OCnPWM} = \frac{f_{clk\_I/O0}}{N \cdot 256} \quad (4\text{-}2)$$

(4) PC PWM 모드

높은 분해능의 PWM 발생이 가능하다. 레지스터의 설정은 TCCR0의 WGM01, 00을 01로 설정한다. 이 모드는 계수동작이 0x00 - 0xFF - 0x00으로 이중으로 카운트된다. 즉 0x00에서 0xFF의 구간에서는 업 카운트가 되며, 0xFF되는 시점에서 다시 0x00으로 다운 카운트된다.

카운트되는 시점이 업 카운트이고, OCR0의 값과 비교하여 동일한 값으로 되면 OC0 출력신호는 LOW된다. 다시 다운 카운트 시점에서 OCR0의 값과 비교하여 동일한 값이 되면 OC0 출력신호는 HIGH 된다.

정상 PWM 출력의 설정은 TCCR0의 COM01, 00을 1, 0으로 하면 된다. 반전출력의 설정은 COM01, COM00을 1, 1로 하면 OC0가 된다. PWM 출력 주파수는 식 (4-3)과 같다. (N=프리스케일러 1, 8, 32, 64, 256, 1024)

$$f_{OCnPCPWM} = \frac{f_{clk\_I/O0}}{N \cdot 510} \quad (4\text{-}3)$$

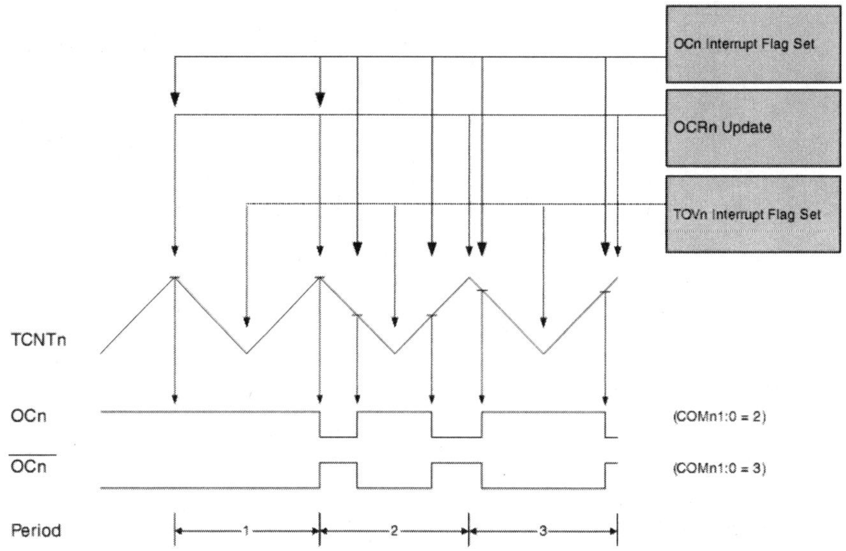

[그림 4-18] 타이머/카운터0의 PC PWM 동작

(5) 동작 타이밍

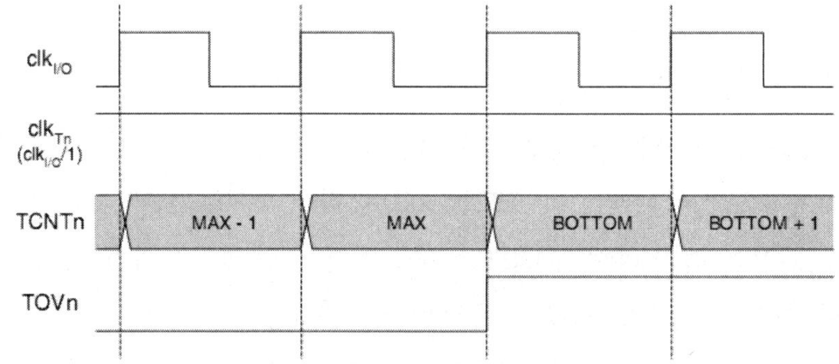

[그림 4-19] 타이머/카운터0의 분주비 1 TOV0 HIGH 타이밍

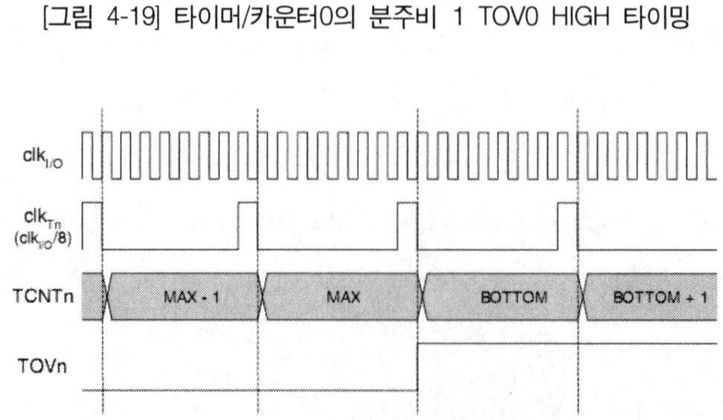

[그림 4-20] 타이머/카운터0의 분주비 8 TOV0 HIGH 타이밍

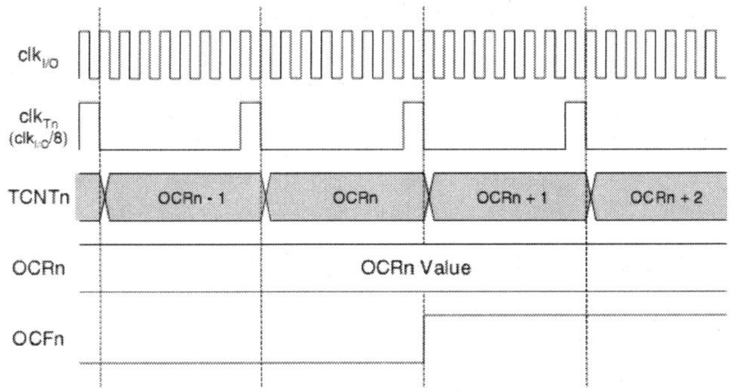

[그림 4-21] 타이머/카운터0 (일반, 고속, PC PWM) OCF0 HIGH

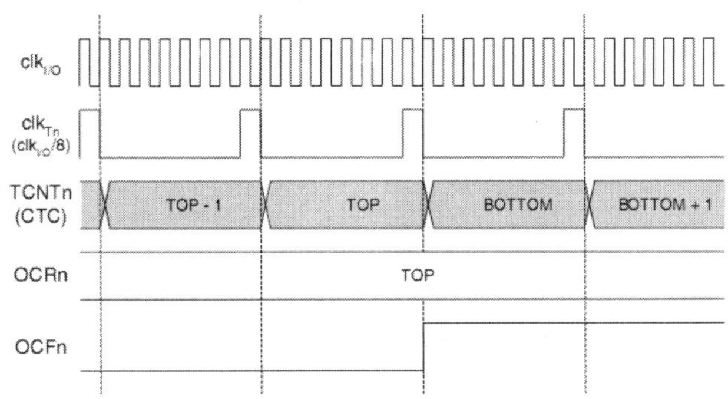

[그림 4-22] 타이머/카운터0(CTC) OCF0 HIGH

나. 타이머/카운터2(8비트)

(1) 일반 모드

TCCR2의 WGM21, 20의 값을 0, 0으로 설정하면 일반 모드로 작동을 한다. TCNT2는 항상 업 카운터로 작동하며, 카운트 도중에 클리어되는 일이 없다. 입력값은 0x00~0xFF의 값으로 계수동작이 반복하여 수행된다. 카운트 값이 0xFF에서 0x00으로 바뀌는 순간에 TIFR 레지스터의 TOV2의 비트가 1로 되면서 인터럽트가 발생한다.

(2) CTC 모드

레지스터의 설정은 TCCR2의 WGM21, 20의 값을 1, 0으로 설정하면 CTC 모드로 작동을 한다. TCNT2의 값이 출력비교 레지스터 OCR2의 값과 일치하면 그 다음 클록 사이클에서 0으로 클리어된다. 카운터 값이 OCR2의 값과 일치하여 TOP에서 0x00의 값으로 되는 순간 TIFR 레지스터에서 OCF2가 1이 되면서 출력비교 인터럽트가 발생한다.

카운트 도중에 OCR2에 TCNT2보다 작은 값을 쓰면 그 주기에서는 출력비교에 실패하며 카운터는 0xFF까지 증가하였다가 0x00이 된다. 이때 TOV2은 1로 되면서 오버플로우 인터럽트가 발생한다.

주파수 계산은 식 (4-4)와 같고, N은 프리스케일러의 분주비이다. (N=1, 8, 32, 64, 256, 1024)

$$f_{OCn} = \frac{f_{clk\_I/O0}}{2 \cdot N \cdot (1 + OCR_n)} \tag{4-4}$$

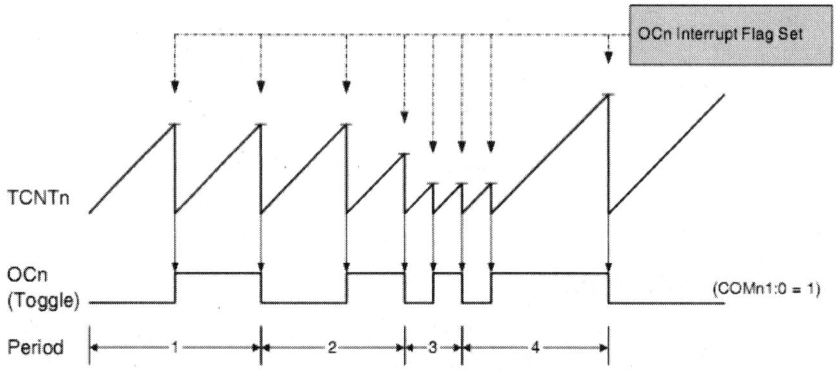

[그림 4-23] 타이머/카운터2의 CTC 동작

(3) 고속 PWM 모드

고속 PWM을 사용하기 위한 레지스터의 설정은 TCCR2 레지스터 WGM21, WGM20의 값을 1, 1로 설정하면 되고 높은 주파수의 PWM을 발생할 수 있다. TCNT2의 계수 동작은 0x00에서 0xFF의 범위에서 증가 반복한다.

TCNT2의 값은 OCR2의 값과 비교하여 동일한 값일 경우 OC2 출력신호가 0으로 되고, TCNT2가 0xFF에서 0x00으로 오버플로우되면 OC2 출력신호가 1로 된다.

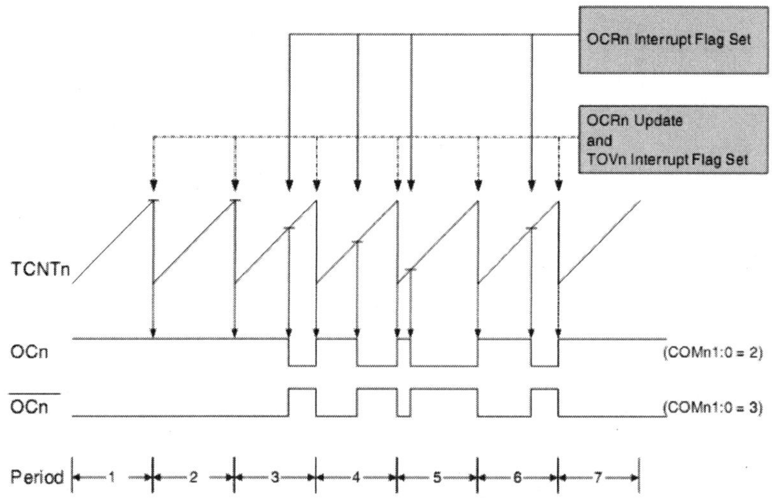

[그림 4-24] 타이머/카운터2의 고속 PWM 동작

(4) PC PWM 모드

높은 분해능의 PWM 발생이 가능하다. 레지스터의 설정은 TCCR2의 WGM21, 20을 01로 설정한다. 이 모드는 계수동작이 0x00 - 0xFF - 0x00으로 이중으로 카운트된다. 즉 0x00에서 0xFF의 구간에서는 업 카운트가 되며, 0xFF되는 시점에서 다시 0x00으로 다운 카운트된다.

카운트되는 시점이 업 카운트이고, OCR2의 값과 비교하여 동일한 값으로 되면 OC2 출력신호는 Low된다. 다시 다운 카운트 시점에서 OCR2의 값과 비교하여 동일한 값이 되면 OC2 출력신호는 High된다. 정상 PWM 출력의 설정은 PWM 출력 주파수는 식 (4-5)와 같다. (N=프리스케일러 1, 8, 32, 64, 256, 1024)

$$f_{OCnPCPWM} = \frac{f_{clk\_I/O0}}{N \cdot 510} \quad (4\text{-}5)$$

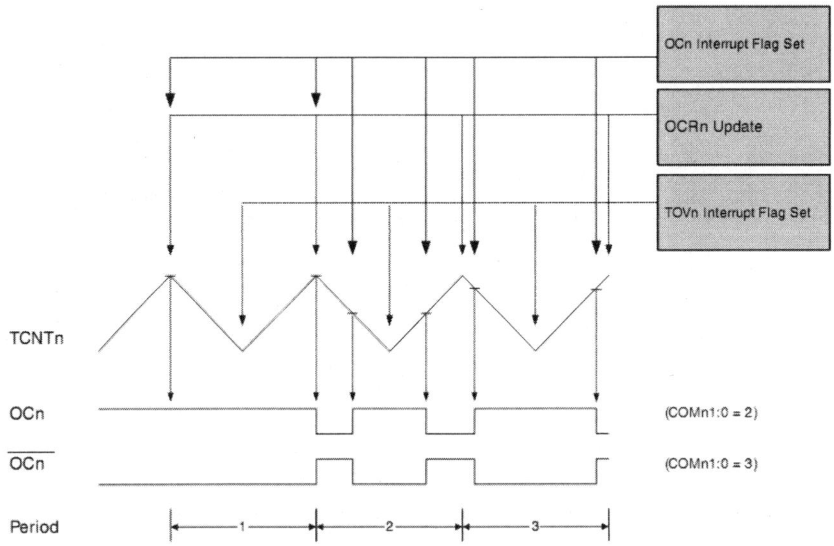

[그림 4-25] 타이머/카운터0의 PC PWM 동작

(5) 동작 타이밍

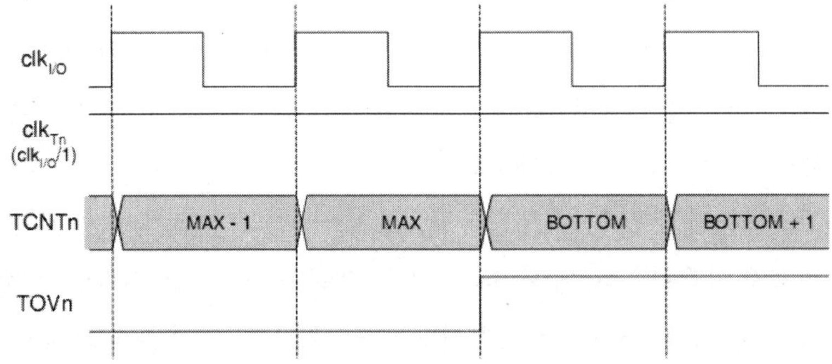

[그림 4-26] 타이머/카운터2의 분주비 1 TOV2 HIGH 타이밍

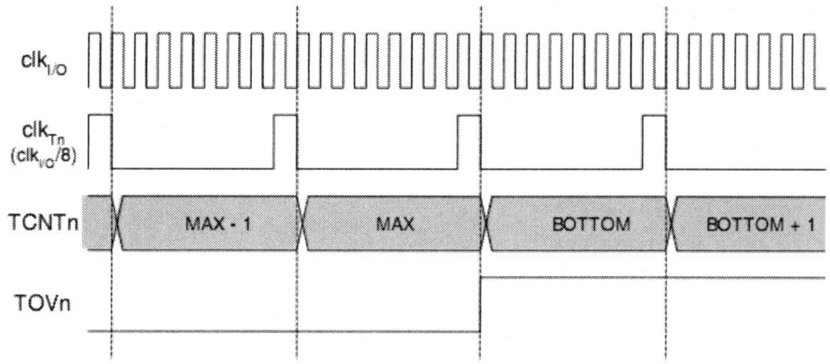

[그림 4-27] 타이머/카운터2의 분주비 8 TOV2 HIGH 타이밍

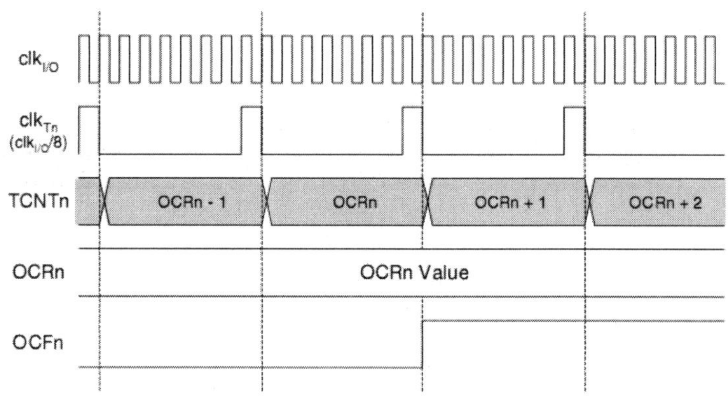

[그림 4-28] 타이머/카운터2(일반, 고속, PC PWM) OCF2 HIGH

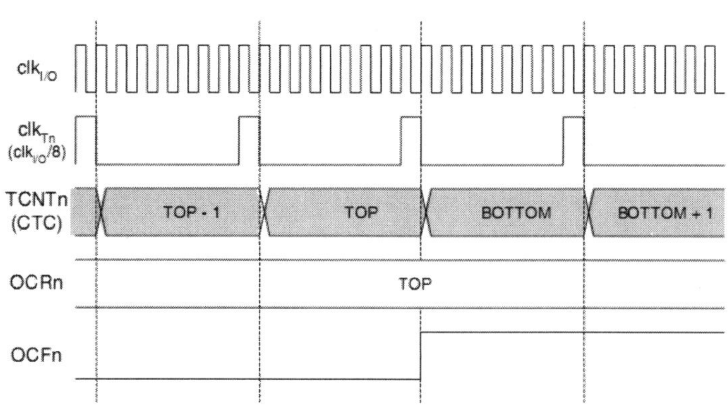

[그림 4-29] 타이머/카운터2(CTC) OCF2 HIGH

다. 타이머/카운터1, 3(16비트)

일반, CTC, 고속 PWM, PC PWM, PFC PWM 모드가 있다.

(1) 일반 모드

이 모드에서는 타이머/카운터 레지스터의 TCNT1과 TCNT3이 항상 상향 카운터로만 동작된다. 카운터 도중에 클리어되는 일이 없고 TCNT1 또는 TCNT3의 값이 0x0000~0xFFFF의 값으로 계수 동작이 반복하여 수행된다. 오버플로우에 의한 인터럽트는 계수의 값이 0xFFFF에서 0x0000으로 바뀌는 순간에 TIFR레지스터의 TOV1 또는 ETIFR 레지스터의 TOV3 이 1로 되고 오버플로우 인터럽트가 발생한다.

Bit	7	6	5	4	3	2	1	0	
	OCF2	TOV2	ICF1	OCF1A	OCF1B	TOV1	OCF0	TOV0	TIFR
Read/Write	R/W	R/W	R/W	R/W	R/W	R/W	R/W	R/W	
Initial Value	0	0	0	0	0	0	0	0	

[그림 4-30] TIFR 레지스터

Bit	7	6	5	4	3	2	1	0	
	–	–	ICF3	OCF3A	OCF3B	TOV3	OCF3C	OCF1C	ETIFR
Read/Write	R/W	R/W	R/W	R/W	R/W	R/W	R/W	R/W	
Initial Value	0	0	0	0	0	0	0	0	

[그림 4-31] ETIFR 레지스터

(2) CTC 모드

CTC(Clear Timer on Compare Match) 모드는 2가지 동작을 한다.

동작설정은 TCCR1A, TCCR1B와 TCCR3A, TCCR3B의 레지스터의 WGMn0, 1, 2, 3으로 설정한다. (n=1, 3)

Bit	7	6	5	4	3	2	1	0	
	COM1A1	COM1A0	COM1B1	COM1B0	COM1C1	COM1C0	WGM11	WGM10	TCCR1A
Read/Write	R/W	R/W	R/W	R/W	R/W	R/W	R/W	R/W	
Initial Value	0	0	0	0	0	0	0	0	

Bit	7	6	5	4	3	2	1	0	
	COM3A1	COM3A0	COM3B1	COM3B0	COM3C1	COM3C0	WGM31	WGM30	TCCR3A
Read/Write	R/W	R/W	R/W	R/W	R/W	R/W	R/W	R/W	
Initial Value	0	0	0	0	0	0	0	0	

[그림 4-32] TCCR1A, TCCR3A 레지스터

Bit	7	6	5	4	3	2	1	0	
	ICNC1	ICES1	–	WGM13	WGM12	CS12	CS11	CS10	TCCR1B
Read/Write	R/W	R/W	R	R/W	R/W	R/W	R/W	R/W	
Initial Value	0	0	0	0	0	0	0	0	

Bit	7	6	5	4	3	2	1	0	
	ICNC3	ICES3	–	WGM33	WGM32	CS32	CS31	CS30	TCCR3B
Read/Write	R/W	R/W	R	R/W	R/W	R/W	R/W	R/W	
Initial Value	0	0	0	0	0	0	0	0	

[그림 4-33] TCCR1B, TCCR3B 레지스터

모드 4-타이머/카운터1의 TCNT1 값과 출력비교 레지스터인 OCR1A의 값이 일치하면 다음 클록 사이클에서 0으로 클리어된다. 역시 타이머/카운터3의 TCNT3 값과 출력비교 레지스터인 OCR3A의 값이 일치하면 다음 클록 사이클에서 0으로 클리어된다. 0x0000~OCR1A, 0x0000~OCR3A사이의 값으로 계수 동작이 반복된다. 출력단자 OC1A, OC3A에 신호를 토글하는 경우 타이머/카운터1의 TCCR1 레지스터의 COM1A0 : COM1A1를 각각 1 : 0으로 설정하면 위에서 언급한 OC1A로부터 토글된 신호를 발생한다.

타이머/카운터3에서도 TCCR3 레지스터의 COM3A0 : COM3A1를 각각 1 : 0으로 설정하면 위에서 언급한 OC3A로부터 토글된 신호를 발생한다. 출력 주파수는 다음과 같이 계산한다.

N=프리스케일러 모드12- 타이머/카운터1의 TCNT1 값과 입력 캡쳐 레지스터인 ICR1의 값이 일치하면 다음 클록 사이클에서 0으로 클리어된다.

$$f_{OCnPCPWM} = \frac{f_{clk\_I/O0}}{2 \cdot N \cdot (1 + OCRnA)} \tag{4-6}$$

〈표 4-2〉 CTC 동작 모드 설정

Mode	WGMn3	WGMn2 (CTCn)	WGMn1 (PWMn1)	WGMn0 (PWMn0)	Timer/Counter Mode of Operation(1)	TOP	Update of OCRnx at	TOVn Flag Set on
0	0	0	0	0	Normal	OxFFFF	Immediate	MAX
1	0	0	0	1	PWM, Phase Correct, 8-bit	OxOOFF	TOP	BOTTOM
2	0	0	1	0	PWM, Phase Correct, 9-bit	OxO1FF	TOP	BOTTOM
3	0	0	1	1	PWM, Phase Correct, 10-bit	OxO3FF	TOP	BOTTOM
4	0	1	0	0	CTC	OCRnA	Immediate	MAX
5	0	1	0	1	Fast PWM, 8-bit	OxOOFF	TOP	TOP
6	0	1	1	0	Fast PWM, 9-bit	OxO1FF	TOP	TOP
7	0	1	1	1	Fast PWM, 10-bit	OxO3FF	TOP	TOP
8	1	0	0	0	PWM, Phase and Frequency Correct	ICRn	BOTTOM	BOTTOM
9	1	0	0	1	PWM, Phase and Frequency Correct	OCRnA	BOTTOM	BOTTOM
10	1	0	1	0	PWM, Phase Correct	ICRn	TOP	BOTTOM
11	1	0	1	1	PWM, Phase Correct	OCRnA	TOP	BOTTOM
12	1	1	0	0	CTC	ICRn	Immediate	MAX
13	1	1	0	1	(Reserved)	-	-	-
14	1	1	1	0	Fast PWM	ICRn	TOP	TOP
15	1	1	1	1	Fast PWM	OCRnA	TOP	TOP

역시 타이머/카운터3의 TCNT3 값과 입력 캡쳐 레지스터인 ICR3의 값이 일치하면 다음 클록 사이클에서 0으로 클리어된다. 0x0000~ICR1, 0x0000~ICR3사이의 값으로 계수 동작이 반복된다.

출력단자 OC1A, OC3A에 신호를 토글하는 경우 타이머/카운터1의 TCCR1 레지스터의 COM1A0 : COM1A1를 각각 1 : 0으로 설정하면 위에서 언급한 OC1A로부터 토글된 신호를 발생한다. 타이머/카운터3에서도 TCCR3 레지스터의 COM3A0 : COM3A1를 각각 1 : 0으로 설정하면 위에서 언급한 OC3A로부터 토글된 신호를 발생한다.

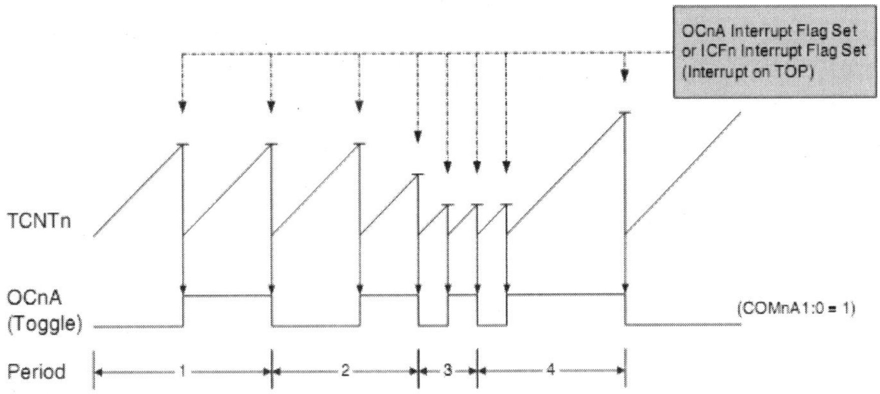

[그림 4-34] 타이머/카운터1, 3의 CTC 동작

출력 주파수는 모드4 주파수 계산식의 OCRnA 대신에 ICRn의 값을 대입하면 된다. 이상 2가지의 모드에서 비교를 해보면 출력비교와 입력 캡쳐라는 사용의 차이만 있을 뿐 나머지 설정은 동일한 것을 알 수 있다.

TCNTn의 값이 OCRnA 또는 ICRn의 값과 일치하면 0x0000으로 바뀌는 순간 TIFR 레지스터의 OCFnA 또는 ICFn이 1로 되면서 출력비교 인터럽트가 발생한다.

카운트 도중에 OCRnA 레지스터나 ICRn 레지스터에 TCNTn의 값보다 작은 값을 쓰면 출력비교에 실패하고 카운터는 0xFFFF까지 증가하였다 0x0000으로 될 것이다. 이때 TIFR 레지스터에서 TOVn=1로 되면서 오버플로우 인터럽트가 발생한다.

(3) 고속 PWM 모드

높은 주파수의 PWM을 발생할 때 사용된다. 동작 모드의 설정에 관계된 레지스터는 다음과 같다. 모드 5, 6, 7, 14, 15에서의 TCNTn(n=1, 3)의 계수 동작은 0x0000~TOP의 범위에서 증가만 하며, TCNTn의 값은 항상 출력비교 레지스터 OCRnX 값과 비교한다. 일치하면 OCnx의 출력신호가 0으로 클리어된다.

TCNTn의 값이 TOP에서 0x0000으로 오버플로우되면 OCnx 출력신호가 1로 된다. TOP의 값은 0x00FF, 0x01FF, 0x03FF, ICRn, OCRnA 등으로 지정된다. 고속 PWM 모드에서 카운트 도중에 듀티비를 변경하기 위해 OCRnA 레지스터에 새로운 값을 써도 한 주기가 끝나고 다음 주기부터 듀티비가 변경된다.

〈표 4-3〉고속 PWM 모드

Mode	WGMn3	WGMn2 (CTCn)	WGMn1 (PWMn1)	WGMn0 (PWMn0)	Timer/Counter Mode of Operation[1]	TOP	Update of OCRnx at	TOVn Flag Set on
0	0	0	0	0	Normal	OxFFFF	Immediate	MAX
1	0	0	0	1	PWM, Phase Correct, 8-bit	Ox00FF	TOP	BOTTOM
2	0	0	1	0	PWM, Phase Correct, 9-bit	Ox01FF	TOP	BOTTOM
3	0	0	1	1	PWM, Phase Correct, 10-bit	Ox03FF	TOP	BOTTOM
4	0	1	0	0	CTC	OCRnA	Immediate	MAX
5	0	1	0	1	Fast PWM, 8-bit	Ox00FF	TOP	TOP
6	0	1	1	0	Fast PWM, 9-bit	Ox01FF	TOP	TOP
7	0	1	1	1	Fast PWM, 10-bit	Ox03FF	TOP	TOP
8	1	0	0	0	PWM, Phase and Frequency Correct	ICRn	BOTTOM	BOTTOM
9	1	0	0	1	PWM, Phase and Frequency Correct	OCRnA	BOTTOM	BOTTOM
10	1	0	1	0	PWM, Phase Correct	ICRn	TOP	BOTTOM
11	1	0	1	1	PWM, Phase Correct	OCRnA	TOP	BOTTOM
12	1	1	0	0	CTC	ICRn	Immediate	MAX
13	1	1	0	1	(Reserved)	-	-	-
14	1	1	1	0	Fast PWM	ICRn	TOP	TOP
15	1	1	1	1	Fast PWM	OCRnA	TOP	TOP

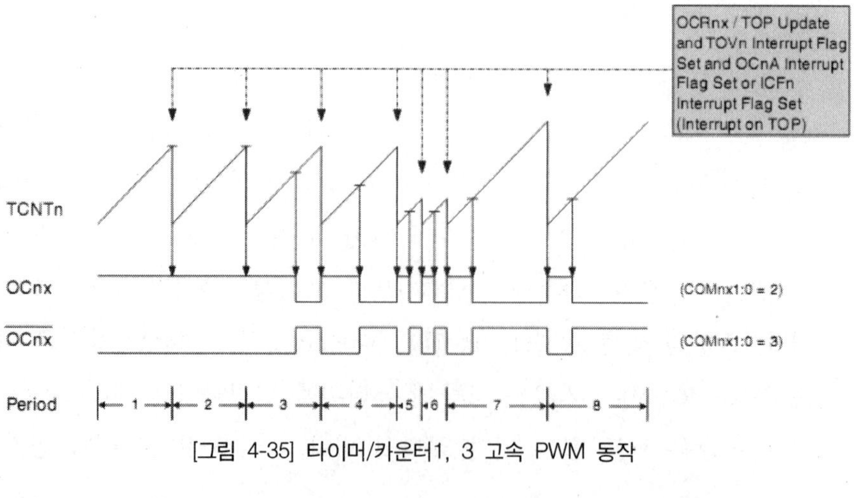

[그림 4-35] 타이머/카운터1, 3 고속 PWM 동작

(4) PC PWM 모드

높은 분해능의 PWM을 만들 때 사용된다. 동작 모드의 설정에 관계된 레지스터는 〈표 4-4〉와 같다. 모드 1, 2, 3, 10, 11로 설정된다. 동작은 TCNT1, 3의 계수 동작이 0x0000~TOP로 증가하였다가 TOP~0x0000으로 감소하는 동작을 반복한다. 증가하는 시점에서 OCRnA의 값과 비교하여 일치하면 OCnA 출력이 Low가 된다. 다시 다운 카운트되면 OCnA 출력이 High가 된다.

TOP의 값은 동작 모드에 따라 0x00FF, 0x01FF, 0x03FF, ICRn, OCRnA로 지정된다.OCnx의 출력은 TCCRnx의 COMnx1, 0을 10으로 하면 OCnx처럼 출력되고, COMnx1, 0을 11로 하면 OCnx처럼 출력된다. PWM 출력 주파수는 식 (4-7)과 같다. N은 프리스케일러 분주비로 1, 8, 64, 256, 1024이다.

$$f_{OCnxPCPWM} = \frac{f_{clk\_I/OO}}{2 \cdot N \cdot TOP} \tag{4-7}$$

〈표 4-4〉 PC PWM 모드

Mode	WGMn3	WGMn2 (CTCn)	WGMn1 (PWMn1)	WGMn0 (PWMn0)	Timer/Counter Mode of Operation[1]	TOP	Update of OCRnx at	TOVn Flag Set on
0	0	0	0	0	Normal	0xFFFF	Immediate	MAX
1	0	0	0	1	PWM, Phase Correct, 8-bit	0x00FF	TOP	BOTTOM
2	0	0	1	0	PWM, Phase Correct, 9-bit	0x01FF	TOP	BOTTOM
3	0	0	1	1	PWM, Phase Correct, 10-bit	0x03FF	TOP	BOTTOM
4	0	1	0	0	CTC	OCRnA	Immediate	MAX
5	0	1	0	1	Fast PWM, 8-bit	0x00FF	TOP	TOP
6	0	1	1	0	Fast PWM, 9-bit	0x01FF	TOP	TOP
7	0	1	1	1	Fast PWM, 10-bit	0x03FF	TOP	TOP
8	1	0	0	0	PWM, Phase and Frequency Correct	ICRn	BOTTOM	BOTTOM
9	1	0	0	1	PWM, Phase and Frequency Correct	OCRnA	BOTTOM	BOTTOM
10	1	0	1	0	PWM, Phase Correct	ICRn	TOP	BOTTOM
11	1	0	1	1	PWM, Phase Correct	OCRnA	TOP	BOTTOM
12	1	1	0	0	CTC	ICRn	Immediate	MAX
13	1	1	0	1	(Reserved)	-	-	-
14	1	1	1	0	Fast PWM	ICRn	TOP	TOP
15	1	1	1	1	Fast PWM	OCRnA	TOP	TOP

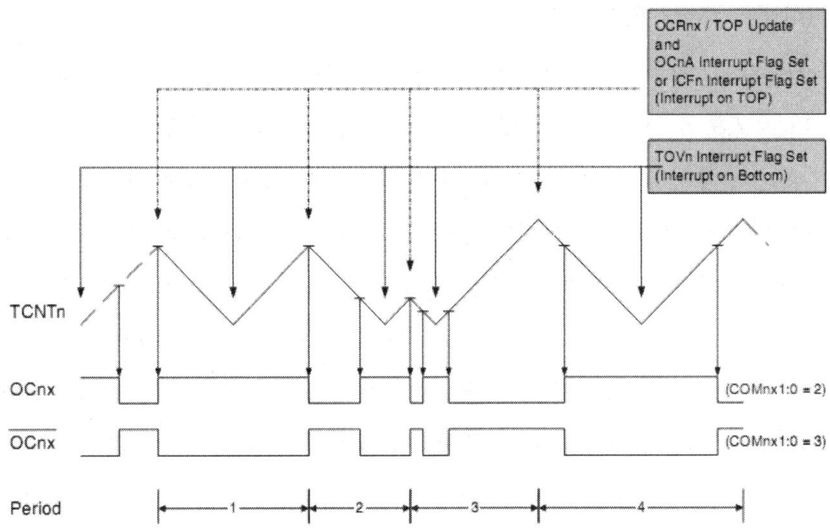

[그림 4-36] 타이머/카운터 1, 3 PC PWM 동작

(5) PFC PWM 모드

높은 분해능의 PWM을 만들 때 사용된다. 동작 모드의 설정에 관계된 레지스터는 다음과 같다. PC PWM과의 차이점은 새로운 값으로 갱신되는 시점이 TCNTn의 값이 BOTTOM으로 되는 순간에 갱신되는 점과 TOP의 값을 ICRn 과 OCRnA의 2가지로만 지정된다는 점이다.

PWM 출력 주파수는 식 (4-8)과 같다. N은 프리스케일러 분주비로 1, 8, 64, 256, 1024이다.

$$f_{OCnxPFPWM} = \frac{f_{clk\_I/O0}}{2 \cdot N \cdot TOP} \tag{4-8}$$

〈표 4-5〉 PFC PWM 모드

Mode	WGMn3	WGMn2 (CTCn)	WGMN1 (PWMN1)	WGMN0 (PWMN0)	Timer/Counter Mode of Operation(1)	Top	Update of OCRn at	TOVn Flag Set on
0	0	0	0	0	Normal	0xFFFF	immediate	MAX
1	0	0	0	1	PWM, Phase Correct, 8-bit	0x00FF	TOP	BOTTOM
2	0	0	1	0	PWM, Phase Correct, 9-bit	0x01FF	TOP	BOTTOM
3	0	0	1	1	PWM, Phase Correct, 10-bit	0x03FF	TOP	BOTTOM
4	0	1	0	0	CTC	OCRnA	immediate	MAX
5	0	1	0	1	Fast PWM, 8-bit	0x00FF	TOP	TOP
6	0	1	1	0	Fast PWM, 9-bit	0x01FF	TOP	TOP
7	0	1	1	1	Fast PWM, 10-bit	0x03FF	TOP	TOP
8	1	0	0	0	PWM, Phase and Frequency Correct	ICRn	BOTTOM	BOTTOM
9	1	0	0	1	PWM, Phase and Frequency Correct	OCRnA	BOTTOM	BOTTOM
10	1	0	1	0	PWM, Phase Correct	ICRn	TOP	BOTTOM
11	1	0	1	1	PWM, Phase Correct	OCRnA	TOP	BOTTOM
12	1	1	0	0	CTC	ICRn	immediate	MAX
13	1	1	0	1	(Reserved)	–	–	–
14	1	1	1	0	Fast PWM	ICRn	TOP	TOP
15	1	1	1	1	Fast PWM	OCRnA	TOP	TOP

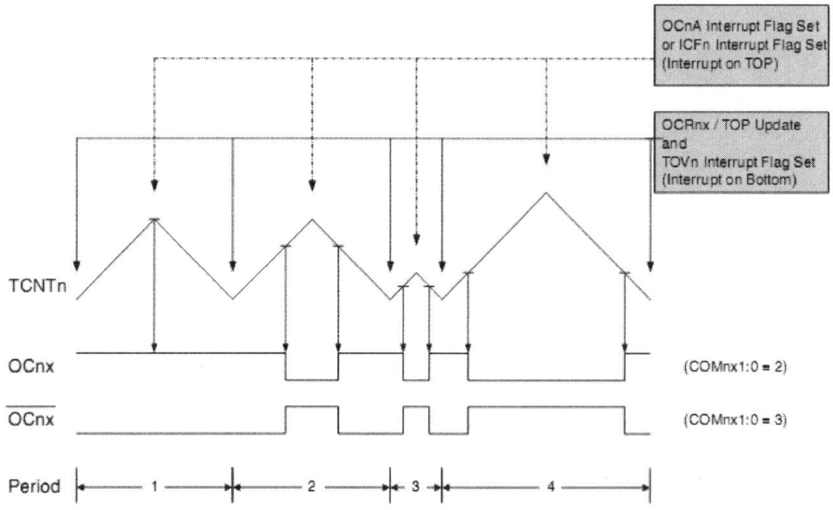

[그림 4-37] PFC PWM 동작

(6) 동작 타이밍

[그림 4-38], [그림 4-39]는 프리스케일러의 분주비가 1, 8일 경우에 TCNTn의 값이 증가하여 출력비교 레지스터 OCRnx와 같아지면 그 다음 사이클에서 OCFnx=1이 되면서 출력비교 인터럽트가 발생된다.

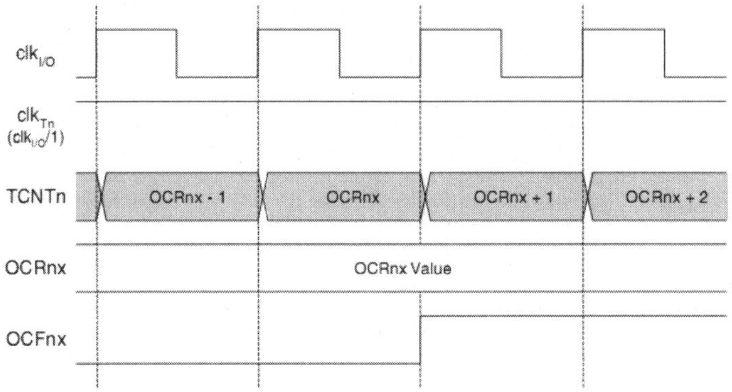

[그림 4-38] 분주비1

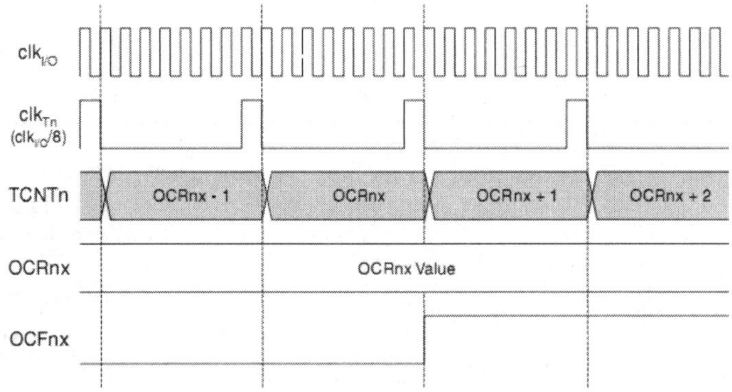

[그림 4-39] 분주비8

일반, CTC, 고속 PWM 모드에서는 TCNTn의 값이 증가하지만 PC PWM, PFC PWM 모드에서는 TOP이 된 이후에는 다시 다운 카운트되어 TCNTn의 값이 감소한다. TOP 근방에서의 동작은 [그림 4-40], [그림 4-41]과 같다.

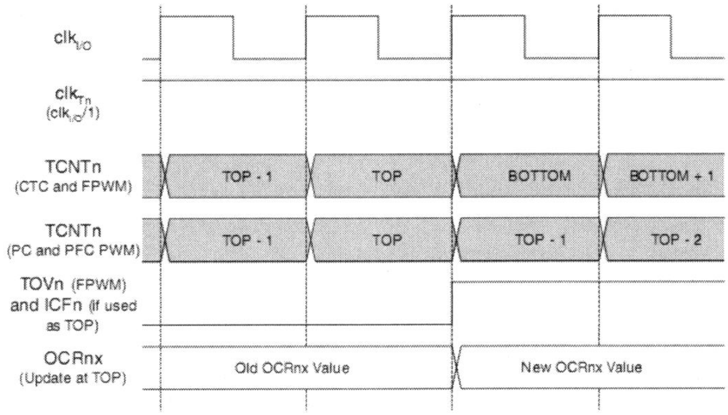

[그림 4-40] 분주비1

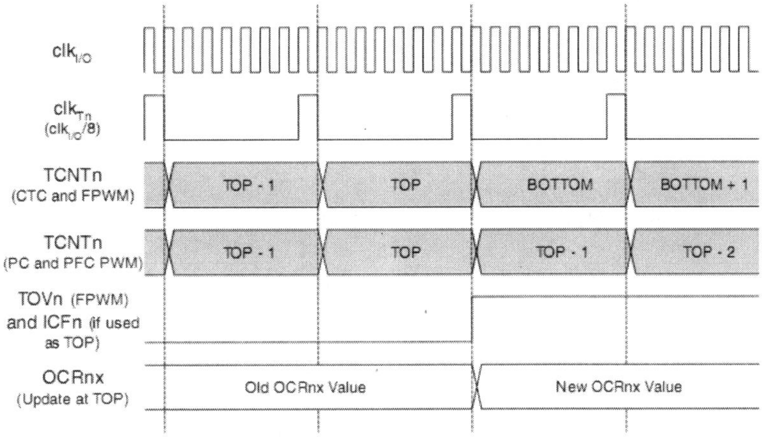

[그림 4-41] 분주비8

제 5 절
디지털 타이머

1. NE555

타이머로 NE555의 동작은 스타트 신호, 즉 트리거 신호가 주어지면 일정시간 만큼 출력신호를 내는 회로이다. 타이머로서 NE555는 CR 타이머의 기본 동작을 따르고 있다.

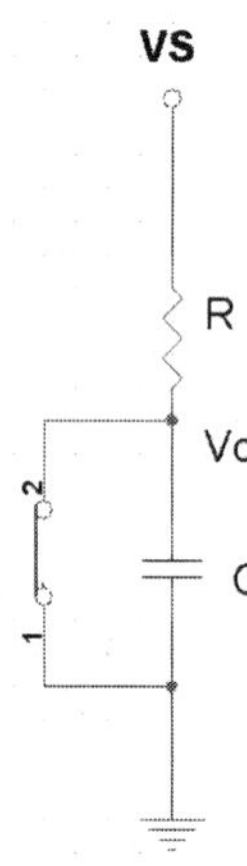

[그림 4-42] 타이머의 스타트전

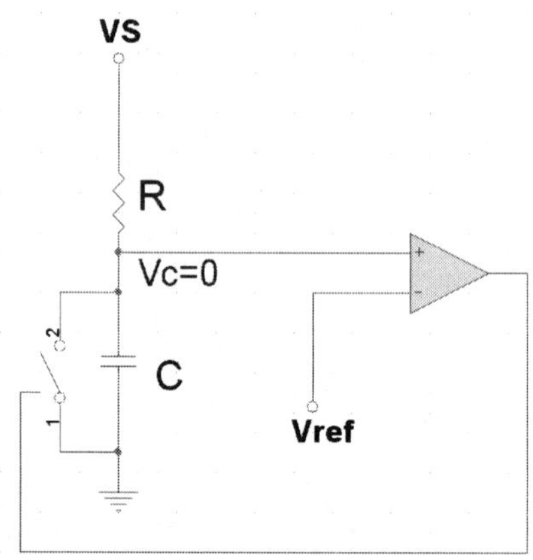

[그림 4-43] 타이머의 동작중

타이머의 스타트 전에 콘덴서를 완전히 방전시켜 전압 V_c를 0V로 한다. 스타트와 함께 타이머의 출력을 ON으로 전환하고 정전압 V_s콘덴서의 충전을 개시한다. 콘덴서의 충전에 따라 V_c는 서서히 상승한다. 콘덴서를 충전하는 전류 I_C는 저항 R을 통하여 유입되지만 저항 R의 양단전압은 정전압 $V_s -$ 전압 V_c 이므로 $I_C=(V_s - V_c)/R$이 된다. 이와 같이 전압 V_c는 시간이 지나면 상승하므로 비교기에서 V_c와 기준 전압 V_{ref}에 도달하면 타이머 출력을 OFF로 한다. RC 타이머에서 시간 T는 $0.69RC$여서 R과 C로 시간을 조정할 수 있다.

2. 회로도

[그림 4-44]는 ER1100의 타이머 555 부분의 도면이다. JUMPER2 SW의 설정은 1, 2를 점퍼로 연결하고 *R*2의 가변 저항의 저항값을 변환하면 트리거 후의 지연시간을 만들어 낸다. 트리거는 SW1의 Tact 스위치를 누르면 트리거된다.

하드웨어적으로 트리거 테스트를 할 수 있다. 소프트웨어적인 동작으로 트리거를 할 경우 JUMPER2 SW의 설정을 3, 4를 점퍼한다. 이 역시 마이컴 출력신호를 이용하여 트리거할 수 있다.

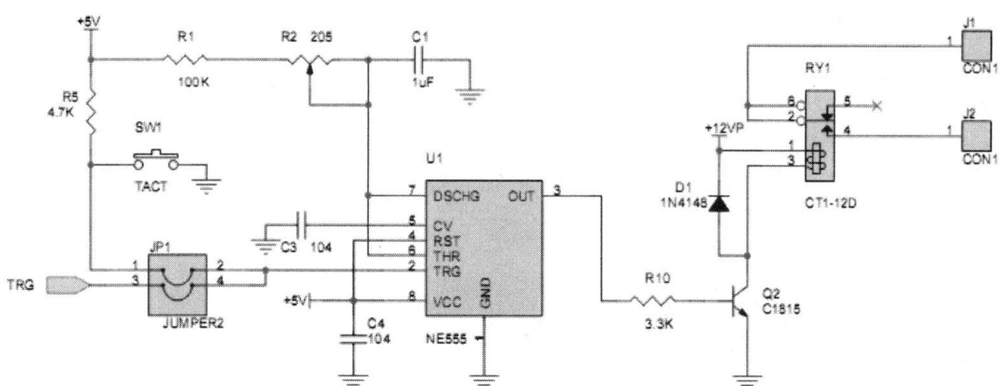

[그림 4-44] 릴레이 & 타이머 555 부분 도면

제 5 장

마이크로컨트롤러

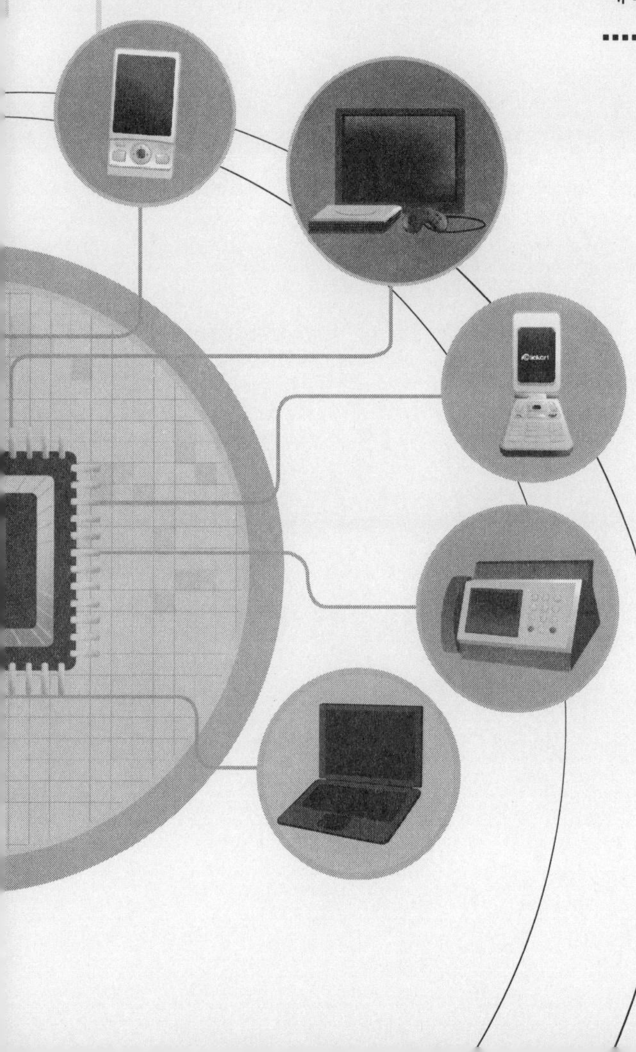

제 1 절 마이크로프로세서의 역사

1. 프로세서의 탄생

1971년 11월 인텔(IINTEL : INTegrated ELectronics)은 MCS-4라는 이름의 최초의 마이크로컴퓨터를 개발하였다. MCS-4(Micro-Controller System)는 말 그대로 초소형 제어 시스템으로 다음과 같이 구성되어 있다.

i4001롬은 2k비트(256×8) 용량이었고, i4002램은 320비트(80×4) 용량이었다. i4004는 4비트 CPU이고 16×4비트 인덱스 레지스터와 4레벨 어드레스 스택 그리고 12비트 프로그램 카운터(4k 어드레스)로 구성되어 있다.

MCS-4가 기존의 컴퓨터와 다른 특징은 프로그램과 데이터 메모리가 분리되었다는 것이다. 기존의 컴퓨터는 프로그램이 램(RAM) 메모리에서 실행되었다.

2. 마이크로컨트롤러

CPU, ROM, RAM, I/O Port(직렬, 병렬), 타이머/카운터 등 여러 가지의 처리기가 하나의 Chip으로 제작된 반도체이다. 주로 기계, 특정 목적이나 인터럽트 등의 실시간 응답 분야에 많이 사용된다.

3. 마이크로컨트롤러의 역사

① 1971년 Intel의 4bit 마이크로프로세서 4004

② 1975년 Texas Instrument의 TMS1000

③ 1976년 Intel 8bit M/C 8048(MCS-48), Motorola 8bit MC6801

④ 1980년 Intel 8bit M/C8051(MCS-51)

⑤ 1982년 Intel 16bit MCS-96
⑥ 1988년 Intel 32bit 80960
⑦ 1997년 Atmel사의 8bit 마이크로컨트롤러 AVR 출시

4. 마이크로컨트롤러의 특징

① 주변장치 제어를 쉽게 할 수 있는 I/O 능력의 강화
② 타이머/카운터, USART, ADC 등 MCU마다 독특한 여러 가지 모듈을 자체 내장
③ 제품의 소형화 및 경량화
④ 신뢰성 향상
⑤ 융통성 및 확장성이 용이

5. CPU의 구조

가. CISC

CPU는 컴퓨터 시스템의 핵심 부분으로서 각종 연산을 수행하며 기억장치에 저장된 명령을 읽어서 수행하는 역할을 한다. 초기의 컴퓨터는 하드웨어를 최소화하기 위해 작고 간단한 명령어 집합을 사용하였다. 이후 고급 언어를 사용하면서 기계어로의 번역 과정을 단순화하면서 전반적인 성능을 향상시키는 과정에서 명령어 집합이 복잡해졌다.

CISC는 마이크로프로그래밍을 통해 고급 언어에 각기 하나씩의 기계어를 대응시킴으로써 명령어 집합이 커지고, 가변 길이의 다양한 명령어를 가진다. 그러나 주로 쓰이는 명령어는 일부에 불과하고, 구조가 복잡하므로 가격이 비싸고 전력소모도 크다는 단점이 있다.

따라서 자주 쓰이지 않는 명령어들은 소프트웨어로 구현하고 자주 쓰이는 명령어만 간략화하여 CPU의 성능을 높인 RISC(Reduced Instruction Set Computer)가 고안되었다.

펜티엄을 포함한 인텔 계열의 모든 프로세서는 CISC 프로세서이다. RISC 프로세서는 IBM의 System/6000 기종과 매킨토시 컴퓨터에 사용되고 있다.

나. RISC

범용 마이크로프로세서를 구성하는 요소에는 명령 세트, 레지스터, 메모리 공간 등이 있다. 이 중 명령 세트는 RISC와 CISC(Complex Instruction Set Computer)의 2가지로 크게 분류할 수 있다.

CISC란 소프트웨어 특히, 컴파일러 작성을 쉽게 하기 위해 하드웨어화할 수 있는 것은 가능한 모두 하드웨어에게 맡긴다는 원칙 아래 설계된 컴퓨터이다.

반면 RISC는 실행속도를 높이기 위해 가능한 한 복잡한 처리는 소프트웨어에게 맡기는 방법을 택한 컴퓨터이다. RISC의 특징을 CISC와 비교하여 알아보면 다음과 같다.

① 명령의 대부분은 1머신 사이클에 실행되고, 명령길이는 고정이며, 명령세트는 단순한 것으로 구성되어 있는데, 가령 메모리에 대한 액세스는 Load/Store 명령으로 한정되어 있다.

② 어드레싱 모드가 적으며, 마이크로 프로그램에 의한 제어를 줄이고, 와이어드 로직을 많이 이용하고 있다. 반면에 레지스터수가 많으며 마이크로 프로그램을 저장하는 칩의 공간에 레지스터를 배치한다.

③ 어셈블러 코드를 읽기 어려울 뿐 아니라 파이프라인을 효과적으로 사용하기 위해서 일부 어셈블러 코드를 시계열로 나열하지 않은 부분이 존재하여 컴파일러의 최적화가 필요하다. 최적화를 하지 않으면 파이프라인을 유효하게 이용할 수 없고, RISC를 사용하는 의미가 없어진다.

6. 마이크로프로세서 제조사

① Intel : 8008, 8080, 8085, 8051

② Motorola : MC6800, MC6805, MC6809, 68000

③ Zilog : Z80

④ Samsung : KS51, KS88

⑤ Microchip : PIC16F84, PIC16F877

⑥ Atel : AT89S51, ATmega128

7. 마이크로컨트롤러의 응용분야

거의 모든 산업분야와 실생활에 사용된다. 몇 가지 예를 들어 보면 다음과 같다.

① 산업 : 산업용 용접 로봇, 엘리베이터

② 군사 : 미사일, 인공위성

③ 생활 : 시계, 전자오락기, 계산기

④ 통신 : 핸드폰, 인터넷 중계기 등

⑤ 조명 : 무대조명, 실내조명

제 2 절
ATmega128 기본 구조

1. ATmega128의 특징

Atmel에서 제공되는 ATmega128의 Datasheet에 있는 특징은 다음과 같다.

① 고성능, 저전압의 8비트 마이크로컨트롤러

② 개량된 RISC 구조

- 133개의 강력한 명령어 및 1클록 사이클 내 실행
- 32개의 8비트 범용 작용 레지스터와 주변장치 제어 레지스터
- 완전 정적 동작
- 16MHz에서 16MIPS까지의 속도
- 2사이클 곱셈기 내장

③ 비휘발성 프로그램 메모리, 데이터 메모리

- 내부 프로그램 가능한 128kByte 플래시
- 내구성 : 쓰기/삭제 10000번
- 독립적인 락 비트로서 선택적인 부트 코드 영역
- 부트 프로그램에 의한 내부 프로그래밍
- 동시에 읽기/쓰기 동작
- 4kByte EEPROM. 내구성 : 쓰기/삭제 100000번
- 4kByte의 내부 SRAM. 64kByte까지 선택적인 외부 메모리 영역
- 소프트웨어 보완을 위한 프로그래밍 락 비트
- 내부 프로그래밍을 위한 SPI 인터페이스

④ JTAG 인터페이스

- JTAG 표준에 의한 Boundary-scan 성능

- 방대한 칩 내부 디버그 지원
- JTAG 인터페이스를 통한 플래시, EEPROM, 퓨즈 락 비트의 프로그래밍

⑤ 주변장치의 특징

- 분리된 프리스케일러, 비교 모드와 2개의 8비트 타이머/카운트
- 2개의 16비트 타이머/카운터
- 발진기와 분리된 실시간 타이머/카운터
- 2비트에서 16비트 분해능 프로그램 가능한 6개의 PWM 채널
- 출력 비교 변조기
- 8채널 10비트 ADC : 8개의 Single-ended 채널, 7개의 차동 채널
- 1배, 10배 또는 200배 이득 설정 가능한 2개의 차동 입력 채널
- Byte 지향의 2선식 시리얼 인터페이스
- 2개의 프로그램 가능한 시리얼 USART
- 마스터/슬레이브 SPI 시리얼 인터페이스
- 내부 발진으로 프로그램 가능한 워치독 타이머
- 내부 아날로그 비교기

⑥ 특별한 마이크로프로세서 특징

- 파워온 리셋과 프로그래밍 가능한 브라운 아웃 감지 리셋
- 내부 조절 *RC* 발진기
- 내부 외부 인터럽트 소스
- 6개의 슬립 모드 : IDLE, ADC Noise Reduction, Power-save, Power-down, Standby Extended Standby
- 소프트웨어로 선택 가능한 클록 주파수
- 퓨즈 비트에 의해 지정된 ATmega103의 호환 모드
- 전체 풀업 해지

⑦ I/O와 Packages

- 53개의 프로그램 가능한 I/O 라인
- 64핀 TQFP와 64핀 MLF

⑧ 동작전압

- ATmega128L : 2.7V~5.5V
- ATmega128 : 4.5V~5.5V

⑨ 동작속도

- ATmega128L : 0~8MHz
- ATmega128 : 0~16MHz

2. ATmega128 PINOUT

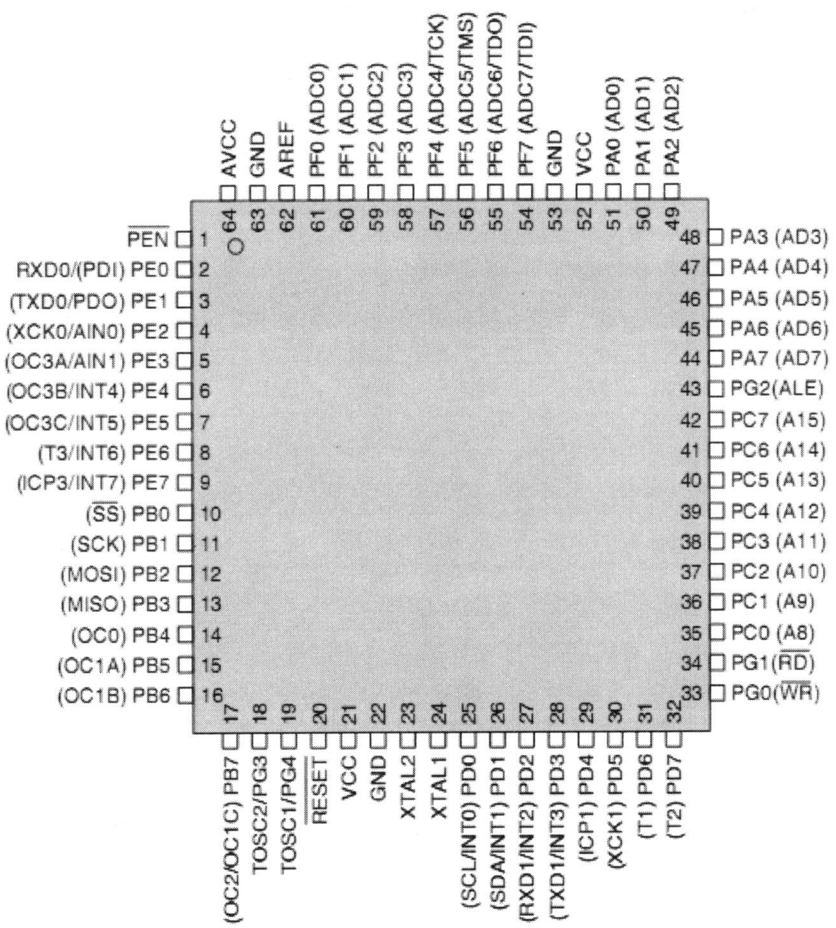

[그림 5-1] ATmega128 PINOUT

〈표 5-1〉 ATmega128의 각 핀의 설명

PIN	설 명
Vcc	디지털 입력 전압
GND	그라운드
PortA (PA7..PA0)	PortA는 내부 풀업 저항을 가지는 8비트 양방향 I/O이다. PortA 출력 버퍼는 흡입 전류와 방출 전류 둘 다 높은 전류 용량으로 상호대칭적인 구동 특성들을 가진다. 클록이 동작하지 않더라도 PortA는 리셋 조건이 활성화될 때 Tri-state가 된다.
PortB (PB7..PB0)	PortB는 내부 풀업 저항을 가지는 8비트 양방향 I/O이다. PortB 출력 버퍼는 흡입 전류와 방출 전류 둘 다 높은 전류 용량으로 상호대칭적인 구동 특성들을 가진다. 클록이 동작하지 않더라도 PortB는 리셋 조건이 활성화될 때 Tri-state가 된다.
PortC (PC7..PC0)	PortC는 내부 풀업 저항을 가지는 8비트 양방향 I/O이다. PortC 출력 버퍼는 흡입 전류와 방출 전류 둘 다 높은 전류 용량으로 상호대칭적인 구동 특성들을 가진다. 클록이 동작하지 않더라도 PortC는 리셋 조건이 활성화될 때 Tri-state가 된다.
PortD (PD7..PD0)	PortD는 내부 풀업 저항을 가지는 8비트 양방향 I/O이다. PortD 출력 버퍼는 흡입 전류와 방출 전류 둘 다 높은 전류 용량으로 상호대칭적인 구동 특성들을 가진다. 클록이 동작하지 않더라도 PortD는 리셋 조건이 활성화될 때 Tri-state가 된다.
PortE (PE7..PE0)	PortE는 내부 풀업 저항을 가지는 8비트 양방향 I/O이다. PortE 출력 버퍼는 흡입 전류와 방출 전류 둘 다 높은 전류 용량으로 상호대칭적인 구동 특성들을 가진다. 클록이 동작하지 않더라도 PortE는 리셋 조건이 활성화될 때 Tri-state가 된다.
PortF (PF7..PF0)	ADC의 아날로그 입력 핀이다. ADC를 사용하지 않으면 PortF 또한 내부 풀업 저항을 가지는 8비트 양방향 I/O이다. PortF 출력 버퍼는 흡입 전류와 방출 전류 둘 다 높은 전류 용량으로 상호대칭적인 구동 특성들을 가진다. 클록이 동작하지 않더라도 Port는 리셋 조건이 활성화될 때 Tri-state가 된다. JTAG 인터페이스가 인에이블되었다면 PF7(TDI), PF5(TMS), PF4(TCK)에 대한 풀업 레지스터는 리셋이 발생하더라도 활성화될 것이다. 데이터를 이동시키는 TAP 상태가 입력되지 않는다면 TDO 핀은 Tri-state이다.
PortG (PF4..PF0)	PortG는 내부 풀업 저항을 가지는 5비트 양방향 I/O이다. PortG 출력 버퍼는 흡입 전류와 방출 전류 둘 다 높은 전류 용량으로 상호대칭적인 구동 특성들을 가진다. 클록이 동작하지 않더라도 PortG는 리셋 조건이 활성화될 때 Tri-state가 된다.
RESET	리셋 입력 핀. 클록이 동작하지 않더라도 이 핀에서 최소 펄스 길이보다 긴 low 레벨은 리셋을 발생한다. 짧은 길이의 펄스는 리셋 발생을 보장하지 못한다.
XTAL1	반전 발진 증폭 입력과 내부 클록 동작 회로를 위한 입력 핀
XTAL2	반전 발진 증폭으로부터 출력 핀
AVCC	PortF와 ADC를 위한 공급 전원 핀이다. ADC가 사용되지 않더라도 외부적으로 Vcc와 연결되어야 한다. ADC가 사용된다면 Low Pass 필터를 통한 Vcc와 연결되어야 한다.
AREF	ADC에 대한 아날로그 기준 전압 핀이다.
PEN	SPI 시리얼 프로그래밍 모드에서 프로그래밍 가능 핀이다. 내부적으로 high이다. POWER-ON 리셋 동안 이 핀을 Low로 유지함으로써 장치는 SPI 시리얼 모드를 입력할 것이다. 이 핀은 일반적인 동작 동안 작동하지 않는다.

3. ATmega128 내부 구조

가. ATmega128 전체 블록도

[그림 5-2]는 ATmega128 내부 구조를 블록화한 그림이다. 굵은 화살표로 표시된 것이 데이터 액세스용 버스이다. 범용 레지스터, SRAM, EEPROM과 같은 데이터 메모리와 연결되어 있고, 모든 I/O 포트에도 연결이 되어 있다.

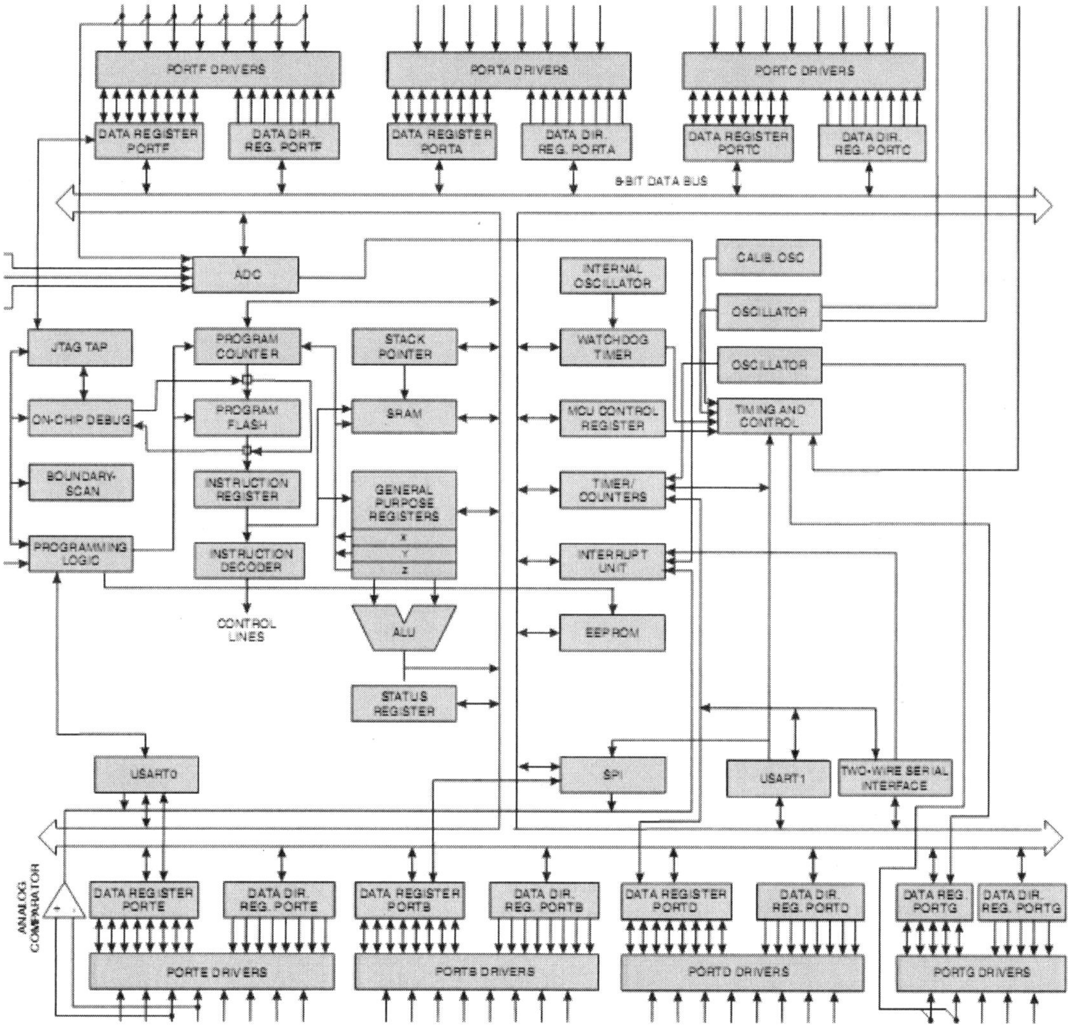

[그림 5-2] ATmega128 내부 구조

나. ATmega128 core

[그림 5-3]의 ATmega128의 Core 부분만 다시 보면 다음 명령의 어드레스를 지시하는 프로그램 카운터가 플래시 메모리에 적재된 명령 코드를 인출(Fetch)하여 해독하는 부분과 산술, 논리연산을 하는 ALU와 32개의 범용 레지스터, CPU의 상태를 알려 주는 상태 레지스터와 각종 인터럽트 처리기와 데이터 메모리 등으로 구성된다. AVR은 병렬처리의 성능을 최대화하기 위해 하버드 구조를 따른다.

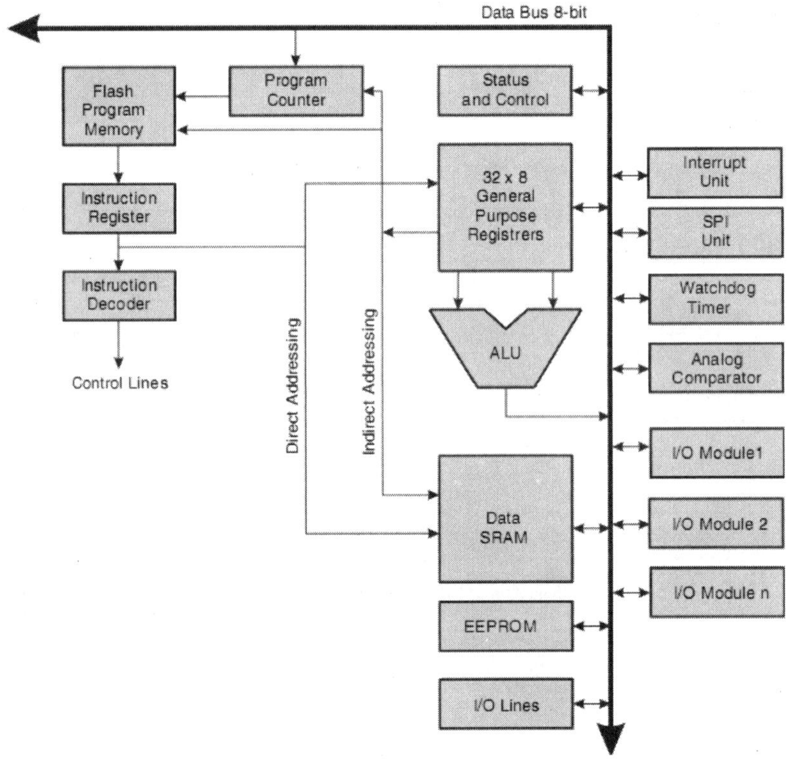

[그림 5-3] ATmega128 core

다. 폰 노이만 & 하버드

1942년에 폰 노이만은 '컴퓨터 프로그램 내장방식'을 발표한 후 1949년에 에드삭(EDSAC)이라는 새로운 개념의 컴퓨터를 만들었다. 이전까지의 컴퓨터는 계산을 할 때마다 엔지니어들이 진공관 회로의 스위치를 하나하나 조정하여 입력을 처리하는 방식이었는데 폰 노이만형 컴퓨터는 메모리에 프로그램을 내장하여 일괄 처리하는 컴퓨터 구조로서 현재의 컴퓨터는 대부분 폰 노이만의 기본 구조로 디자인되고 있다.

하버드 구조에 기초한 마이크로컨트롤러는 분리된 데이터 버스와 명령어 버스를 가지고 있어서 이것은 병렬 구조에서의 실행을 가능하게 한다. 명령은 "사전-인출"(Pre-fetch)되기 때문에 현재 명령은 데이터 버스에서 실행된다. 현재 명령이 완료되면 다음 명령이 나갈 준비를 한다. 이러한 사전-인출은 이론적으로 폰-노이만 구조보다 더 빠른 실행을 가능케 하지만, 약간의 회로상의(실리콘) 복잡성이 추가된다.

프로그램에는 명령어와 데이터가 함께 있는데 명령어를 불러다가(Fetch) 해석한 결과 다음에 있는 데이터를 필요로 할 때는 한 번 더 데이터를 읽어야 한 명령이 실행된다. 이때 폰 노이만 형 컴퓨터는 명령어를 읽고 그 다음에 데이터를 읽어서 실행을 하는 순차적 진행이 이루어진다.

반면에 하버드 구조에서는 명령어를 읽고 다음에 데이터를 읽을 때 동시에 다음 명령을 읽을 수 있어서(명령어 버스와 데이터 버스가 분리되어 있기 때문에) 병렬 구조의 실행이 가능하다. ATmega128은 이러한 하버드와 RISC 구조로 설계되었다.

라. RISC & CISC

컴퓨터에 포함된 명령어의 형태 및 주소지정방식의 수를 어떻게 할 것인가에 대한 견해에서 복합명령어를 포함해서 필요한 만큼의 명령어를 많이 하자는 CISC와 복합명령어는 사용하지 않고 명령어 및 주소지정방식의 수도 최소화하자는 RISC 견해가 있다. CISC와 RISC 모두 프로그램의 실행시간을 줄이려는 문제에 기인한다.

어떤 명령어든 그것이 실행되기 전에 명령 레지스터에 fetch하고 해독을 해야 하므로 이러한 과정을 복합명령어는 단 한 번에 실행해서 전체적인 실행시간을 줄이는 결과로서 시스템의 성능을 향상시킨다는 개념이 CISC이다. 한편 RISC 구조에서는 명령어의 길이를 짧게 하므로, 명령어의 실행시간을 단축시킨다는 개념이다. 명령어의 길이가 길면 메모리로부터 호출시 많은 시간이 필요하므로, 명령어의 호출에 많은 시간을 요구한다.

요약하면 CISC는 명령어의 수가 많고, 주소지정방식이 다양하며 가변길이 명령어 형식을 사용한다. RISC는 자주 사용되는 명령어만 두어서 시스템이 빠르고 주소지정방식도 최소화되어 있다. 명령어의 길이가 고정되어 해독하기 쉽고, 모든 연산은 CPU 레지스터를 이용하며, 효율적인 파이프라인이다.

- 파이프라인 : 하나의 연산을 기능이 서로 다른 여러 개의 서브연산으로 나누는데, 각 부연산은 세그먼트(Segment) 또는 Stage라고 하는 회로에서 수행되고 이들 세그먼트가 하나의 파이프라인을 형성하도록 연결되어 있다. 하나의 세그먼트에서 수행된 결과는 다음 세그먼트로 연속적으로 넘어 가고, 마지막 세그먼트를 통과하면 최종 결과가 얻어진다. 이러한 기법이 파이프라인이다.

간단한 예로 컨베이어 벨트를 이용한 조립라인과 유사하다. 작업자는 각 기 맡은 조립부분만 조립하고 넘겨주는 방식의 작업을 해서 최종 전체 조립된 제품이 나오는 것과 유사하다.

마. SREG 레지스터

Bit	7	6	5	4	3	2	1	0	
	I	T	H	S	V	N	Z	C	SREG
Read/Write	R/W	R/W	R/W	R/W	R/W	R/W	R/W	R/W	
Initial Value	0	0	0	0	0	0	0	0	

[그림 5-4] SREG 레지스터

상태 레지스터는 가장 최근 실행된 산술연산의 정보를 가지고 있다. 이 정보는 조건연산을 수행하기 위해 프로그램의 흐름을 변경하기 위해 사용될 수 있다. SREG 레지스터는 모든 ALU 연산 후에 업데이트된다는 점을 주목한다. SREG는 인터럽트 루틴으로 들어갈 때와 복귀할 때 자동적으로 저장되지 않는다. 소프트웨어적으로 취급되어야 한다. 각 비트별 기능은 다음과 같다.

(1) Bit 7–I : Global Interrupt Enable

전체 인터럽트가 활성화되기 위해 이 비트가 셋되어야 한다. 개별 인터럽트 제어는 분리된 제어 레지스터에서 수행된다. 이 비트가 클리어되면 인터럽트가능 세팅에 대한 독립적으로 인터럽트 가능한 인터럽트는 없다.

이 비트는 인터럽트가 발생된 후 하드웨어에 의해 클리어된다. 그리고 다음의 인터럽트가 가능하도록 RETI 명령에 의해 셋된다. 또한 SEI와 CLI명령으로 소프트웨어적으로 셋, 클리어될 수 있다.

(2) Bit 6–T : Bit Copy Storage

비트 카피 명령 BLD(Bit load)와 BST(Bit store)는 T-bit를 동작 비트의 입력 또는 출력으로 사용한다.

(3) Bit 5–H : Half Carry Flag

산술연산에서 Half carry를 나타낸다. Half carry는 BCD 연산에서 유용하다.

(4) Bit 4–S : Sign Bit

플래그 N과 V의 XOR로 결정되는 값을 저장한다.

(5) Bit 3–V : Two's Complement Overflow Flag

2의 보수연산을 지원한다.

(6) Bit 2–N : Negative Flag

산술, 논리연산의 결과가 음수라는 것을 나타낸다.

(7) Bit 1–Z : Zero Flag

산술, 논리연산의 결과 0이 되었음을 나타낸다.

(8) Bit 0–C : Carry Flag

산술, 논리연산의 결과 carry를 나타낸다.

바. 범용 레지스터

〈표 5-2〉 범용 레지스터

레지스터	어드레스
R0	$00
R1	$01
R2	$02
...	
R13	$0D
R14	$0E
R15	$0F
R16	$10
R17	$11
...	
R26	$1A X-register Low Byte
R27	$1B X-register Low Byte
R28	$1C Y-register Low Byte
R29	$1D Y-register Low Byte
R30	$1E Z-register Low Byte
R31	$1F Z-register Low Byte

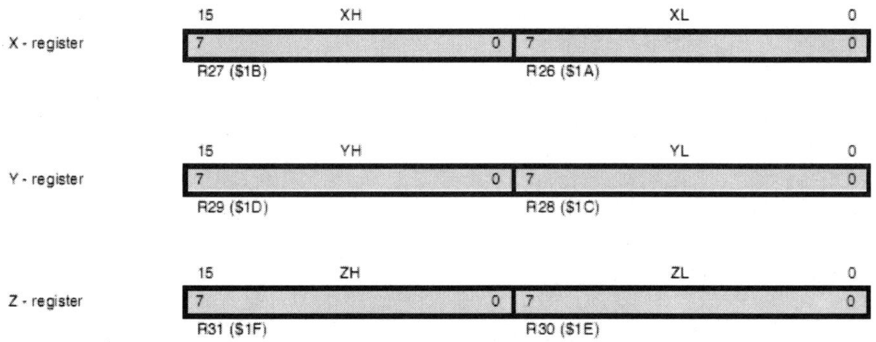

[그림 5-5] X, Y, Z 레지스터

ATmega128은 향상된 RISC 구조로서 내부에 누산기가 없고 32개의 8비트 범용 레지스터를 가지고 있다. 이 레지스터들은 4칙연산이 가능하며 R16과 R31에서는 즉시 데이터를 사용하는 일부 연산명령을 수행한다. 이 중 R26~R31은 X, Y, Z 레지스터로 사용된다. 주로 16비트의 어드레스를 간접 지정하는 어드레스 포인터로 사용된다.

사. 스택 포인터

스택은 LIFO(Last In First Out) 구조의 기억장치이다. 함수호출이나 인터럽트 발생시 복귀주소를 저장한다. 지역변수를 저장하기도 하며 데이터를 임시로 저장하는 공간으로 사용된다.

액세스(Access)는 번지에 의한 임의 접근이 가능하지 못하며 후입선출 방식으로 데이터를 처리한다. 스택 동작에는 넣는 동작과 빼는 동작이 있는데 데이터를 넣을 때를 PUSH라 하고 빼내는 동작을 POP이라고 한다. 스택의 구성은 레지스터와 RAM을 사용할 수 있는 레지스터 스택, 메모리 스택으로 구분한다. ATmega128에서는 내부 4kByte의 SRAM 영역을 사용한다.

스택 포인터는 항상 스택의 상단을 가리키는 16비트 레지스터로서 SP표시되며, 데이터가 저장이 되는 스택의 번지를 의미한다. 함수를 호출하거나 인터럽트 발생시 복귀주소를 저장할 때는 16비트이므로 SP레지스터의 값이 2만큼 감소되며 복귀시 SP레지스터의 값이 2만큼 증가한다.

Bit	15	14	13	12	11	10	9	8	
	SP15	SP14	SP13	SP12	SP11	SP10	SP9	SP8	SPH
	SP7	SP6	SP5	SP4	SP3	SP2	SP1	SP0	SPL
	7	6	5	4	3	2	1	0	
Read/Write	R/W	R/W	R/W	R/W	R/W	R/W	R/W	R/W	
	R/W	R/W	R/W	R/W	R/W	R/W	R/W	R/W	
Initial Value	0	0	0	0	0	0	0	0	
	0	0	0	0	0	0	0	0	

[그림 5-6] 스택 포인터 SPL, SPH

아. 램 페이지 선택 레지스터-RAMPZ

Bit	7	6	5	4	3	2	1	0	
	–	—	–	–	–	–	–	RAMPZ0	RAMPZ
Read/Write	R	R	R	R	R	R	R	R/W	
Initial Value	0	0	0	0	0	0	0	0	

[그림 5-7] RAMPZ 레지스터

(1) Bit 7..1 : 예약 비트

예약된 비트이며 읽을 때는 항상 0으로 읽혀진다. 다른 디바이스와의 호환성을 고려해 0으로 써주어야 한다.

(2) Bit 0 : RAMPZ0

Z-포인터에 의해 접근되는 64kByte의 RAM 페이지를 선택하는데 사용된다. ATmega128은 64kByte 이상의 SRAM을 지원하지 않는다. 이들 레지스터는 ELPM/SPM 명령이 사용될 때 프로그램 메모리에 있는 특정 Page를 선택에만 사용된다.

자. 명령실행 타이밍

AVR CPU는 Clk_{CPU} 클록에 의해 내부 분주 없이 바로 구동된다. [그림 5-8]은 MHz로부터 1MIP까지 획득하는 기본적인 파이프라인 개념이다.

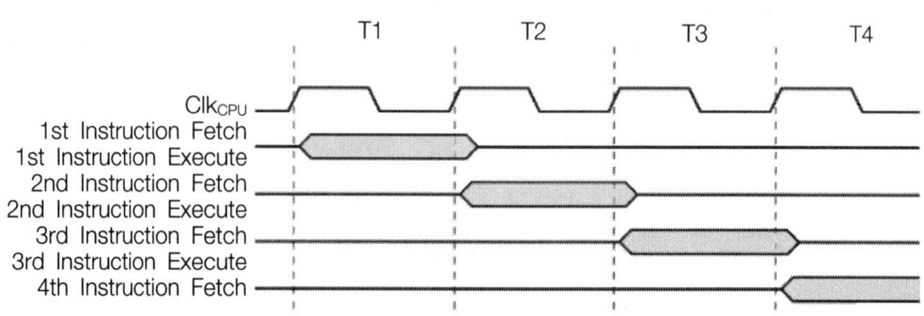

[그림 5-8] 병렬 명령 Fetch와 명령실행

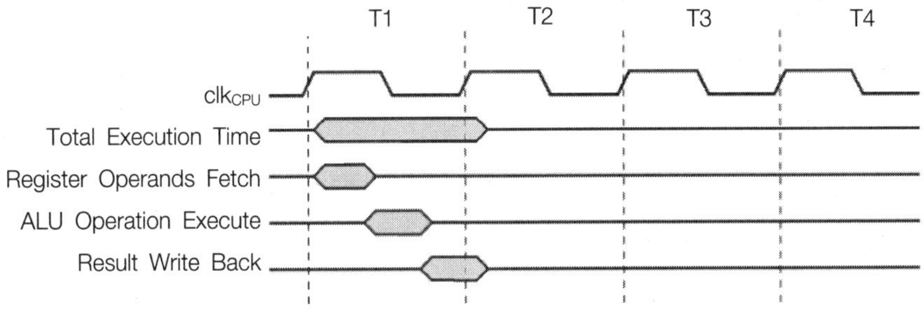

[그림 5-9] 단일 사이클 ALU 동작

차. 리셋과 인터럽트 처리

AVR은 몇 가지 다른 인터럽트 소스를 제공한다. 이러한 인터럽트들과 분리된 리셋 벡터는 프로그램 메모리 영역에서 분리된 프로그램 벡터를 가진다.

모든 인터럽트는 인터럽트를 가능하게 하기 위한 SREG 레지스터의 전체 인터럽트 가능 비트와 함께 하나의 로직으로 쓰여져야만 하는 개별 가능 비트로 지정된다.

프로그램 카운터 값에 의존하는 인터럽트들은 부트 락 비트 BLB02 또는 BLB12가 프로그램되었을 때 자동적으로 불가능하게 될 것이다. 이 특징은 소프트웨어 보완을 향상시킨다.

프로그램 메모리 영역에서 최하위 주소는 리셋과 인터럽트 벡터로서 초기 정의되어 있다. 하위 주소로 갈수록 우선순위 레벨이 더 높아진다. 리셋이 우선순위가 가장 높고 다음이 외부 인터럽트 0이다. 인터럽트 벡터들은 MCU 컨트롤 레지스터(MCUCR)에 있는 IVSEL 비트를 세팅으로 부트 플래시 시작 영역으로 옮겨질 수 있다.

인터럽트가 발생되었을 때 전체 인터럽트 가능 I비트는 클리어 되고 모든 인터럽트는 불가능이다. 모든 활성화된 인터럽트는 현재 인터럽트 루틴에서 인터럽트가 가능하다. I비트는 인터럽트 명령으로부터 복귀명령(RETI)이 실행되었을 때 자동적으로 셋된다. 기본적으로 2가지 타입의 인터럽트가 있다.

① 타입은 인터럽트 플래그를 셋하는 이벤트에 의해서 트리거된다. 이러한 인터럽트들의 예로서 프로그램 카운터는 인터럽트 처리 루틴을 실행하기 위

한 실제 인터럽트 벡터를 가리킨다. 그리고 하드웨어는 인터럽트 플러그 응답을 클리어한다. 인터럽트 플러그는 또한 인터럽트 플러그 위치가 클리어시키는 로직 하나를 씀으로써 클리어될 수 있다. 만약 인터럽트 조건이 인터럽트 인에이블 비트가 클리어되었다는 응답 중에 발생되었다면 인터럽트 플러그는 셋될 것이고 인터럽트가 가능할 때까지 기억할 것이다. 또는 플러그는 소프트웨어에 의해서 클리어된다. 유사하게 만약 하나 또는 그 이상의 인터럽트 상황이 전체 인터럽트 인에이블 비트가 클리어되는 동안 발생한다면 인터럽트를 알리는 플러그는 셋될 것이고 전체 인터럽트 인에이블 비트가 셋될 때까지 기억할 것이다. 그리고 우선순위의 순서에 따라서 실행될 것이다.

② 인터럽트 타입은 인터럽트 조건이 나타나 있는 것만큼 길게 유발될 것이다. 이러한 인터럽트들은 인터럽트 플러그가 필요 없다. 만약 인터럽트가 활성화되기 전에 인터럽트 조건이 사라져 버린다면 인터럽트는 유발되지 않을 것이다. AVR은 인터럽트로부터 빠져나갈 때 항상 메인 프로그램으로 복귀하고 한 가지 이상의 명령을 실행되지 않은 인터럽트가 제공되기 전에 실행한다. 상태 레지스터는 인터럽트 루틴으로 들어가기 전에 자동으로 저장되지 않는 것을 명심하라. 역시 마찬가지로 인터럽트으로부터 복귀할 때도 저장되지 않는다. 상태 레지스터는 소프트웨어적으로 처리하여야 한다.

Assembly Code Example

```
in r16, SREG      ; store SREG value
cli     ; disable interrupts during timed sequence
sbi EECR, EEMWE   ; start EEPROM write
sbi EECR, EEWE
out SREG, r16     ; restore SREG value (I-bit)
```

C Code Example

```
char cSREG;
cSREG = SREG; /* store SREG value */
/* disable interrupts during timed sequence */
__disable_interrupt();
EECR |= (1<<EEMWE); /* start EEPROM write */
EECR |= (1<<EEWE);
SREG = cSREG; /* restore SREG value (I-bit) */
```

[그림 5-10] 인터럽트 디스에이블 코딩

Assembly Code Example
sei *; set global interrupt enable* **sleep***; enter sleep, waiting for interrupt* ; note: will enter sleep before any pending ; interrupt(s)
C Code Example
__enable_interrupt(); */* set global interrupt enable */* __sleep(); */* enter sleep, waiting for interrupt */* /* note: will enter sleep before any pending interrupt(s) */

[그림 5-11] 인터럽트 인에이블 코딩

인터럽트를 금지하기 위해 CLI 명령을 사용하였을 때 인터럽트는 즉시 금지된다. 심지어 CLI 명령과 동시에 인터럽트가 발생된다고 하여도 CLI 명령 뒤에 실행되는 인터럽트는 없다. [그림 5-10]의 예는 EEPROM 쓰기를 하는 동안 인터럽트를 어떻게 피할 수 있는지 보여준다.

인터럽트가 가능하도록 SEI 명령을 사용할 때 SEI 명령은 해결되지 않은 인터럽트 전에 실행될 것이다. [그림 5-11]은 SEI 사용 예이다.

카. 인터럽트 응답시간

모든 AVR 인터럽트에 대한 인터럽트 실행 응답은 최소 4사이클이다.

4사이클 후에 실제 인터럽트를 취급하는 인터럽트에 대한 프로그램 벡터 어드레스가 실행된다. 4사이클 기간 동안 프로그램 카운터는 스택에 PUSH한다. 벡터는 보통 인터럽트 루틴으로 점프한다. 그리고 이 점프는 3사이클 걸린다.

인터럽트가 멀티 사이클 명령의 실행 동안 발생된다면 명령은 인터럽트가 제공되기 전에 완료될 것이다. MCU가 슬립 모드에서 인터럽트가 발생된다면 인터럽트 응답 실행시간은 4사이클까지 증가될 것이다. 이러한 증가는 더욱이 선택된 슬립 모드로부터 스타업 시간까지 된다.

인터럽트 처리 루틴으로부터 복귀는 4사이클 걸린다. 이러한 4사이클 동안 프로그램 카운터는 스택으로부터 다시 POP한다. 스택 포인터는 2까지 증가되고 SREG 레지스터의 I비트는 셋된다.

4. ATmega128 메모리

AVR 구조는 데이터 메모리와 프로그램 메모리의 2개의 메인 메모리 영역을 가진다. 그리고 ATmega128은 데이터 저장을 위한 EEPROM의 특징이며, 이 3가지 메모리 공간은 선형적이고 규칙적이다.

가. IN-SYSTEM 재프로그래밍 가능한 플래시 프로그램 메모리

ATmega128은 프로그램 저장을 위한 재프로그램 가능한 128kByte의 플래시 메모리를 칩 내부에 포함하고 있다. 모든 AVR의 명령이 16 또는 32바이트 폭이기 때문에 플래시 메모리는 64k × 16으로 구성되어 있다. 소프트웨어 보완을 위해 플래시 프로그램 메모리 영역은 부트 프로그램 영역과 어플리케이션 영역으로 2개의 구역으로 나누어진다.

플래시 메모리의 내구성은 최소 10000번의 쓰기/삭제 사이클을 가진다.

ATmega128의 프로그램 카운터(PC)는 16비트의 폭이어서 64kByte의 프로그램 어드레스 메모리 영역이다. 부트 프로그램과 연관된 부트 락 비트인 소프트웨어 보완 기능이 있다.

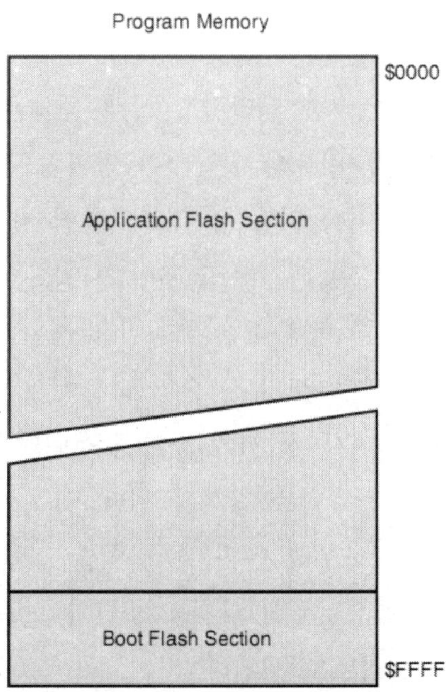

[그림 5-12] Program memory map

나. SRAM 데이터 메모리

ATmega128은 〈표 5-3〉과 같이 SRAM Date 메모리에 대한 2가지의 다른 환경을 지원한다.

〈표 5-3〉 메모리 환경

Configuration	Internal SRAM Data Memory	External SRAM Data Memory
Normal mode	4096	up to 64k
ATmega 103 Compatibility mode	4000	up to 64k

ATmega128은 IN과 OUT 명령을 위한 OP code에 예약된 64개의 위치 내에서 지원되는 것보다 훨씬 더 많은 주변장치를 가지는 복잡한 마이크로컨트롤러이다. SRAM에서 \$60~\$FF부터 확장된 I/O영역을 위해서 단지 ST/STS/STD와 LD/LDS/LDD 명령들만이 사용될 수 있다.

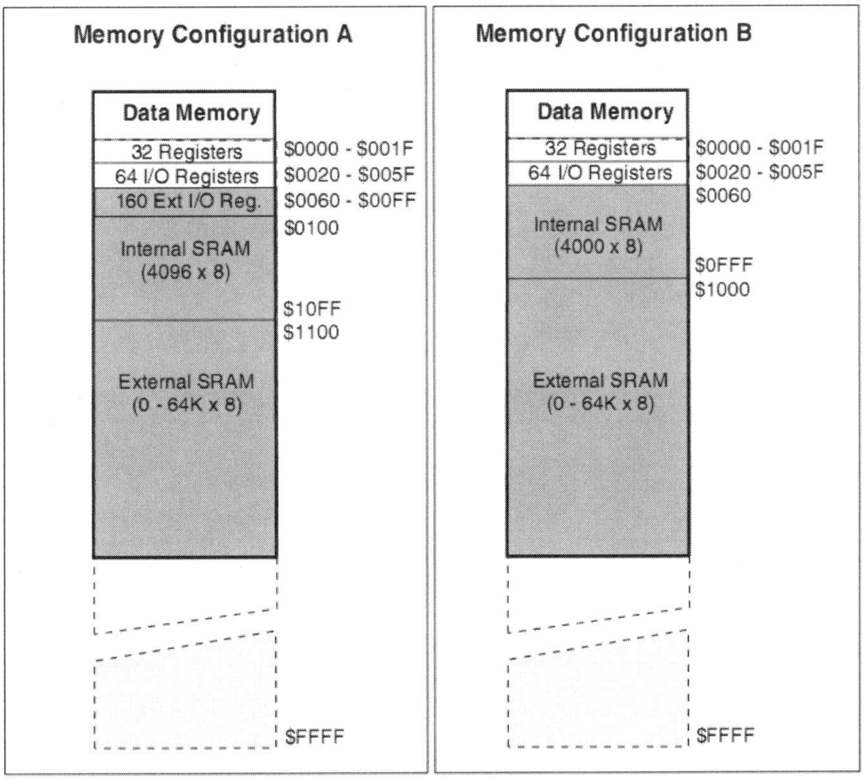

[그림 5-13] 데이터 메모리

확장된 I/O영역은 ATmega128이 ATmega103 호환 모드에서는 존재하지 않는다. Normal 모드에서는 처음 4352바이트의 데이터 메모리 공간들이 레지스터 파일, I/O 메모리, 확장 I/O 메모리와 내부 데이터 SRAM 모두 어드레스를 지정한다.

처음 32바이트의 영역은 레지스터 파일을 어드레스 지정하고, 다음 64바이트 영역은 표준 I/O 메모리, 그리고 160바이트의 확장 I/O 메모리와 다음 4096바이트의 영역은 내부 데이터 SRAM을 어드레스를 지정한다. 추가적인 외부 DATA SRAM은 ATmega128로 사용될 수 있다. 이 SRAM은 64kByte의 어드레스 영역에서 남아 있는 어드레스 위치 영역을 점유할 것이다. 이 영역은 내부 SRAM 다음 어드레스에서 시작된다.

레지스터 파일, 확장 I/O와 내부 SRAM은 Normal 모드에서 최하위 4325바이트를 점유한다. 그래서 64kByte 외부 확장 메모리를 사용할 때 외부 61184kByte는 Normal 모드에서 유효하다. 내부 데이터 메모리를 초과하는 SRAM 메모리 영역을 접근하는 주소일 때 외부 데이터 SRAM은 내부 데이터 메모리 접근과 동일한 명령을 사용함으로써 접근한다.

내부 데이터 메모리를 접근할 때 읽기/쓰기 스트로브 핀들(PG0과 PG1)은 비활성화된다. 외부 SRAM 동작은 MCUCR 레지스터의 SRE 비트를 세팅함으로써 가능하게 된다.

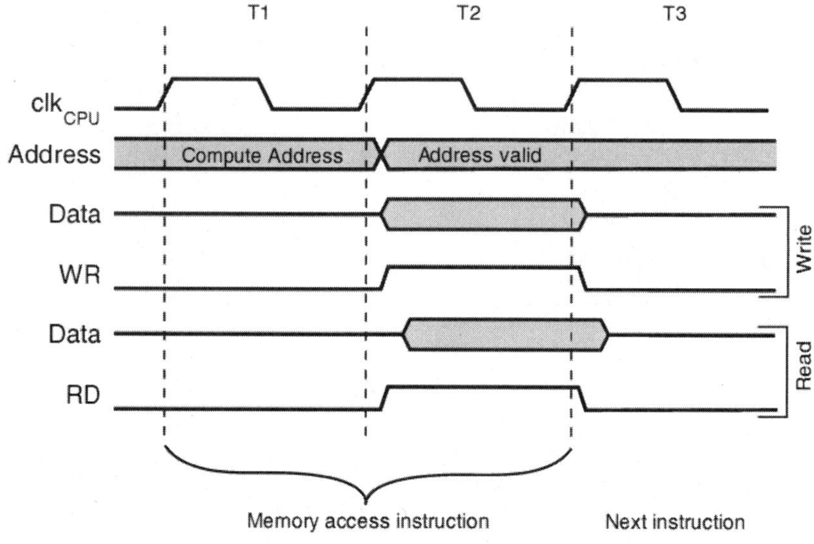

[그림 5-14] DATA SRAM 접근시간

외부 SRAM을 지정하는 것은 내부 SRAM이 접근에 비하여 추가적인 바이트당 하나의 클록 사이클이 더 걸린다. 이는 LD, ST, LDS, LDD, STD, PUSH, POP 명령이 추가적으로 한 사이클 더 걸린다는 것을 의미한다.

다. EEPROM 데이터 메모리

ATmega128은 4kByte의 EEPROM 데이터 메모리를 가지고 있다. 이것은 1Byte를 읽기/쓰기 가능한 분리된 데이터 공간으로 구성되었다. EEPROM은 최소한 100,000의 쓰기/읽기 사이클의 내구성을 가진다. EEPROM과 CPU사이의 접근은 EEPROM 어드레스 레지스터, EEPROM 데이터 레지스터, 그리고 EEPROM 컨트롤 레지스터를 지정함으로써 설명된다.

(1) EEPROM 읽기/쓰기 접근

EEPROM 접근 레지스터는 I/O 공간 내에서 접근 가능하다. 사용자 코드가 EEPROM을 쓰는 명령을 포함하고 있다면 몇 가지 사전 주의사항이 있다. 대용량의 파워 서플라이에서 V_{cc}는 전원이 켜지거나 꺼질 때 천천히 높아지거나 낮아진다.

이러한 현상은 디바이스가 낮은 전압에서 동작하게 되어 EEPROM 데이터를 손상시키는 원인을 야기한다. 의도하지 않은 EEPROM 쓰기를 방지하기 위해 특별한 쓰기 순서를 따라야 한다. EEPROM을 읽을 때 CPU는 다음 명령어를 실행하기 전에 4사이클 동안 정지하고, 쓸 때는 CPU는 다음 명령어를 실행하기 전에 2사이클 동안 정지한다.

(2) EEPROM Address 레지스터(EEARH, EEARL)

Bit	15	14	13	12	11	10	9	8	
	–	–	–	–	EEAR11	EEAR10	EEAR9	EEAR8	EEARH
	EEAR7	EEAR6	EEAR5	EEAR4	EEAR3	EEAR2	EEAR1	EEAR0	EEARL
	7	6	5	4	3	2	1	0	
Read/Write	R	R	R	R	R/W	R/W	R/W	R/W	
	R/W	R/W	R/W	R/W	R/W	R/W	R/W	R/W	
Initial Value	0	0	0	0	X	X	X	X	
	X	X	X	X	X	X	X	X	

[그림 5-15] EEPROM 어드레스 레지스터

① Bit 15..12-예약 비트

예약된 비트이며 읽을 때는 항상 0으로 읽혀진다. 다른 디바이스와의 호환성을 고려해 0으로 써주어야 한다.

② Bit 11..0 - EEAR11..0 : EEPROM Address

EEPROM 어드레스 레지스터(EEARH, EEARL)는 4KByte의 EEPROM 영역 어드레스를 지정한다. EEPROM 데이터 바이트들은 0에서 4096 사이에 어드레스가 할당된다. EEAR의 초기값은 정의되어 있지 않다. 적당한 값이 EEPROM 접근 전에 쓰여져야 한다.

(3) EEPROM Data 레지스터(EEDR)

Bit	7	6	5	4	3	2	1	0	
	MSB							LSB	EEDR
Read/Write	R/W	R/W	R/W	R/W	R/W	R/W	R/W	R/W	
Initial Value	0	0	0	0	0	0	0	0	

[그림 5-16] EEPROM Data 레지스터

① Bit 7..0 - EEDR7..0 : EEPROM Data

EEPROM 쓰기 동작을 위해 EEDR 레지스터는 EEAR 레지스터에 의해 주어진 어드레스에 EEPROM을 쓰기 위한 데이터를 포함하고 있다. EEPROM 읽기 동작을 위해 EEDR은 EEAR 레지스터에 의해 주어진 어드레스에 EEPROM으로부터 읽은 데이터를 포함하고 있다.

(4) EEPROM Control 레지스터(EECR)

Bit	7	6	5	4	3	2	1	0	
	–	–	–	–	EERIE	EEMWE	EEWE	EERE	EECR
Read/Write	R	R	R	R	R/W	R/W	R/W	R/W	
Initial Value	0	0	0	0	0	0	X	0	

[그림 5-17] EEPROM Control 레지스터

① Bit 7..4 -예약 비트

예약된 비트이며 읽을 때는 항상 0으로 읽혀진다.

② Bit 3 - EERIE : EEPROM 준비 인터럽트 인에이블

1을 쓰면서 SREG 레지스터의 I비트가 셋 상태이라면 EEPROM 준비 인터럽트가 가능하다. 0을 쓰면 인터럽트는 불가능할 것이다. EEPROM 준비 인터럽트는 EEWE가 클리어되었을 때 지속적인 인터럽트를 발생한다.

③ Bit 2 - EEMWE : EEPROM 마스터 쓰기 인에이블

EEMWE 비트는 EEWE를 1로 셋팅하는 것이 EEPROM이 쓰여지는 것을 초래하는지 아닌지를 결정하는 비트이다. EEMWE이 1로 쓰여질 때 4사이클 이내에 EEWE를 1로 쓰는 것은 선택된 어드레스에 EEPROM으로 데이터를 쓰는 것이다. EEMWE이 0이라면 EEWE를 1로 쓰는 것은 아무런 효력이 없다. EEWME는 소프트웨어에 의해 1로 쓰여졌다면 하드웨어는 4사이클 후에 비트를 0로 클리어한다.

④ Bit 1 - EEMWE : EEPROM 쓰기 인에이블

EEPROM 쓰기 인에이블 신호 EEWE는 EEPROM에 쓰기 스트로브이다. 어드레스와 데이터가 올바르게 셋업되었다면 EEWE 비트는 EEPROM에 값을 쓰기 위해 셋되어야 한다. EEMWE는 로직으로 1이 EEWE에 쓰여질 때 셋되어야 한다. 그렇지 않다면 EEPROM 쓰기는 발생은 없다. 다음과 같은 순서는 EEPROM을 쓸 때 따라야 한다.

1. EEWE가 0이 될 때까지 대기
2. SPMCSR의 SPMEN이 0이 될 때까지 대기
3. 새로운 EEPROM 어드레스를 EEAR에 쓰기(선택적)
4. 새로운 EEPROM 데이터를 EEDR에 쓰기(선택적)
5. EEMWE에 EECR의 EEWE에 0을 쓰는 동안 로직 1 쓰기
6. EEMWE 세팅 후 4사이클 이내에 EEWE에 로직 0을 쓰기

EEPROM은 CPU가 플래시 메모리에 쓰기를 하는 동안 프로그램될 수 없다. 소프트웨어적으로 새로운 EEPROM 데이터를 쓰는 초기화 전에 플래

시 프로그램이 완료되었는지 확인해야만 한다. 2.번은 단지 CPU가 플래시 메모리에 프로그램하도록 소프트웨어가 부트로더를 포함할 때만 연관이 있다. 플래시 메모리가 CPU에 의해 결코 업데이트 안된다면 2번 과정은 생략될 수 있다.

⑤ Bit 0 - EERE : EEPROM 읽기 인에이블

EEPROM 읽기 인에이블 신호인 EERE는 EEPROM의 읽기 스트로브이다. 정확한 주소가 EEAR 레지스터에 셋업될 때 EEAR 비트는 EEPROM 읽기를 유발하기 위해 로직 1로 쓰여야 한다. EEPROM 읽기 접근은 1개의 명령이 걸린다. 그리고 요구되어진 데이터는 즉시 읽기 가능하다.

EEPROM을 읽었을 때 CPU는 다음 명령이 실행되기 전 4사이클 동안 정지된다. 사용자는 읽기 동작을 시작하기 전에 EEWE 비트를 계속 확인해야 한다. 쓰기 동작이 진행중이라면 EEPROM 읽거나 EEAR 레지스터를 변경도 불가능하다. 오실레이터 보정은 EEPROM 접근시간에 사용되곤 한다.

〈표 5-4〉는 CPU로부터 EEPROM 접근을 위한 전형적인 프로그래밍 시간표이다.

〈표 5-4〉 EEPROM 프로그래밍 시간

Symbol	Number of Calibrated RC Oscillator Cycles(1)	Typ Programming Time
EEPROM Write(from CPU)	8848	8.5ms

라. I/O 메모리

ATmega128의 모든 I/O들과 주변장치는 I/O 영역에 위치한다. 모든 I/O 영역들은 32개의 범용 목적작업 레지스터와 I/O영역 사이의 데이터를 전송하는 LD/LDS/LDD와 ST/STS/STD 명령들에 의해서 접근된다.

어드레스 범위 $00~$1F 사이의 I/O 레지스터는 SBI와 CBI 명령들을 사용함으로써 바로 비트 접근이 가능하다. 이러한 레지스터들 중에서 단일 비트의 값

은 SBIS와 SBIC 명령을 사용함으로써 확인할 수 있다.

I/O 특정 명령어 IN과 OUT을 사용할 때 I/O 어드레스 $00~$3F가 사용되어야 한다. LD와 ST를 명령을 사용하는 데이터 영역으로 I/O 레지스터들을 지정할때 $20은 이러한 주소에 반드시 더해져야 한다.

ATmega128은 IN과 OUT 명령을 위해 OPcode에 예약된 64개의 위치이내에서 제공될 수 있는 것보다 훨씬 많은 주변장치로서 복잡한 마이크로컨트롤러이다. SRAM에 $60~$FF로부터 확장된 I/O 영역을 위해 단지 ST/STS/STD와 LD/LDS/ LDD 명령이 사용될 수 있다.

마. 외부 메모리 인터페이스

특징적인 외부 메모리 인터페이스를 제공함으로써 ATmega128은 D/A와 A/D, LCD 디스플레이 같은 주변 장치와 플래시, 외부 SRAM과 같은 메모리 디바이스를 동작하기에 매우 적합하다.

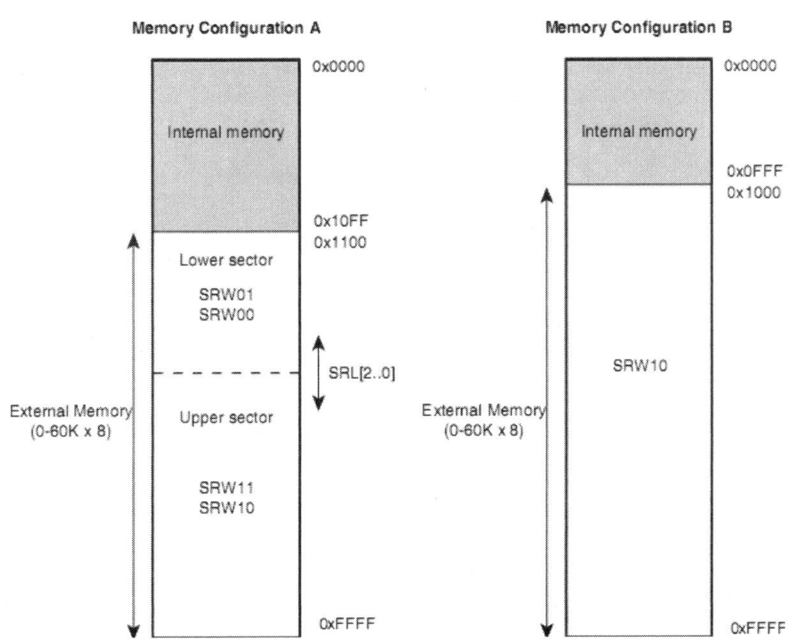

[그림 5-18] 선택 영역으로서 외부 메모리

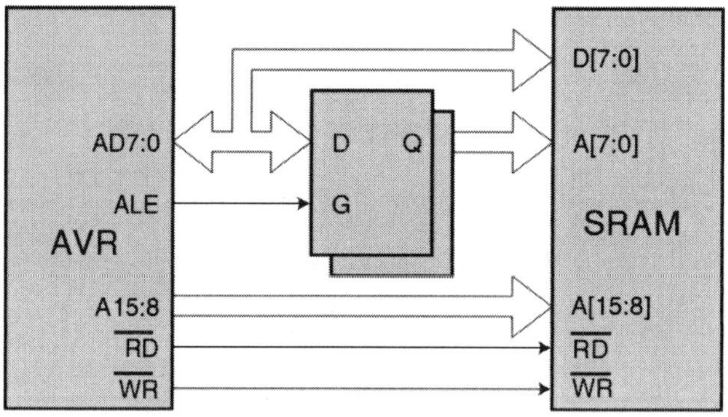

[그림 5-19] 외부 SRAM과 AVR 연결

ATmega128에서 외부 메모리 인터페이스에 사용되는 신호는 AD0~AD7, A15~A8, ALE, RD, WR이다. 이러한 설정은 MCUCR 레지스터에서 한다.

CPU 구조는 핀 수를 줄이기 위해 어드레스와 데이터를 AD0~AD7핀으로 시분할 방식으로 데이터와 어드레스를 분리한다. 그러기 위해서는 보통 74573 TTL소자를 사용하여 분리한다. ALE는 어드레스 래치 인에이블 신호로서 ALE 신호를 74573의 11핀인 LE 단자에 입력한다.

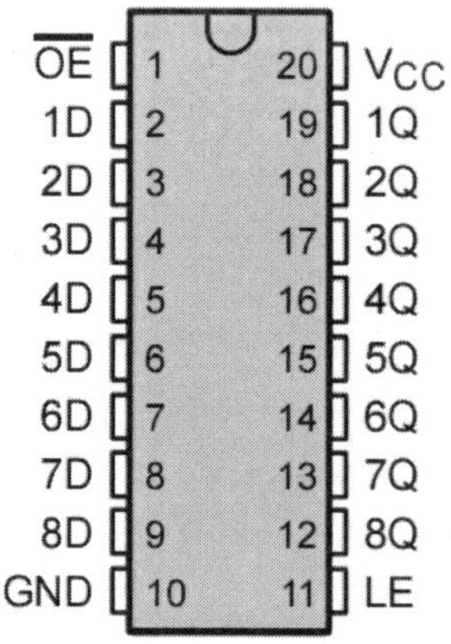

[그림 5-20] 74573 PINOUT

[그림 5-21]을 보면 ALE 신호가 HIGH가 되는 시스템 클록의 T1과 T2에 걸쳐져 있는 부분의 T2의 HIGH인 앞쪽 반주기를 보면 A15~A8까지는 항상 어드레스를 출력한다.

DA7~DA0은 어드레스가 출력되다가 ALE가 LOW가 되는 시점이 조금 지나서 주소의 출력이 닫혀 버린다. 이 시점에서 74573의 접속과 ATmega128의 접속은 1D~8D : AD0~AD7이 차례대로 연결되어 있어서 74573은 주소를 래치하게 된다. 다음 시스템 클록을 보면 T3인 구간에서 WR은 Low이다. 즉 이때 외부 데이터 메모리에 쓰기를 한다는 것이다.

다시 이 구간에서 A15~A8은 항상 어드레스를 출력하고 있으며 DA0~DA7은 데이터를 출력하고 있다. 이 순간은 ALE는 Low이다. 이것은 74573을 새로운 데이터로 갱신하지 못한다.

74573의 출력은 계속 어드레스를 내보내고 입력부분은 데이터가 계속 들어온다는 것을 의미한다. 하지만 앞에서 말한 바와 같이 LE로 입력되는 신호 ALE가 이때는 Low이기 때문에 74573의 내용을 갱신하지 못한다.

따라서 74573의 출력은 어드레스 입력은 데이터의 형식을 유지하는 것이다.

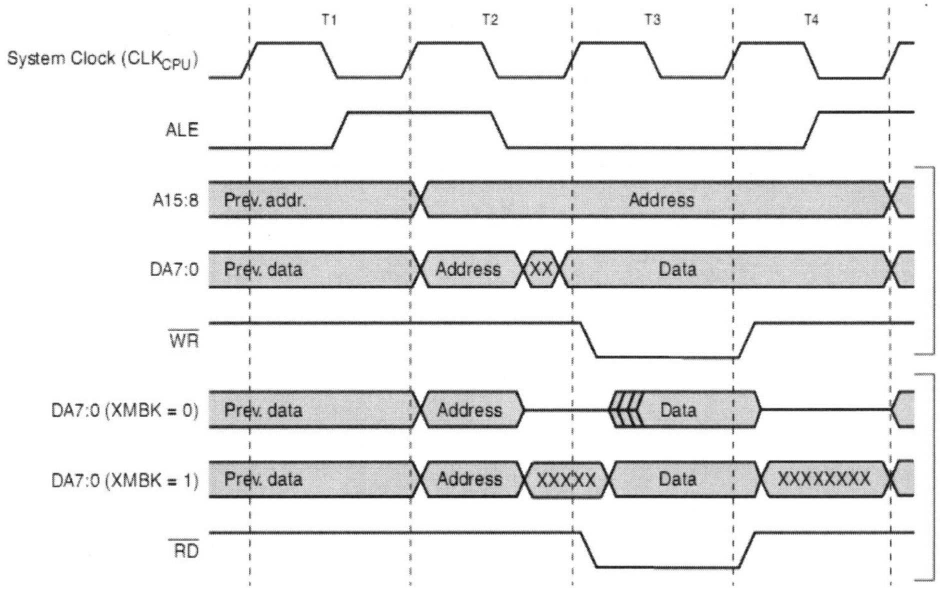

[그림 5-21] 외부 데이터 메모리 사이클(기본)

〈표 5-5〉 74573 진리표(Function Table(each latch))

INPUTS			OUTPUT
$\overline{OE}$	LE	D	Q
L	H	H	H
L	H	L	L
L	L	X	Q_0
H	X	X	Z

[그림 5-22]는 외부 데이터 메모리 사이클에서 T3의 시스템의 1주기 구간에서만 보면 WR, RD의 신호가 활성화되어 있다. 외부 메모리와의 접근 타이밍의 호환성을 고려하여 WR, RD, 데이터와 어드레스의 활성화 신호 구간의 시간을 늘릴 수 있다. 이러한 동작 사이클 설정은 MCUCR과 XMCRA의 레지스터를 이용하여 설정한다.

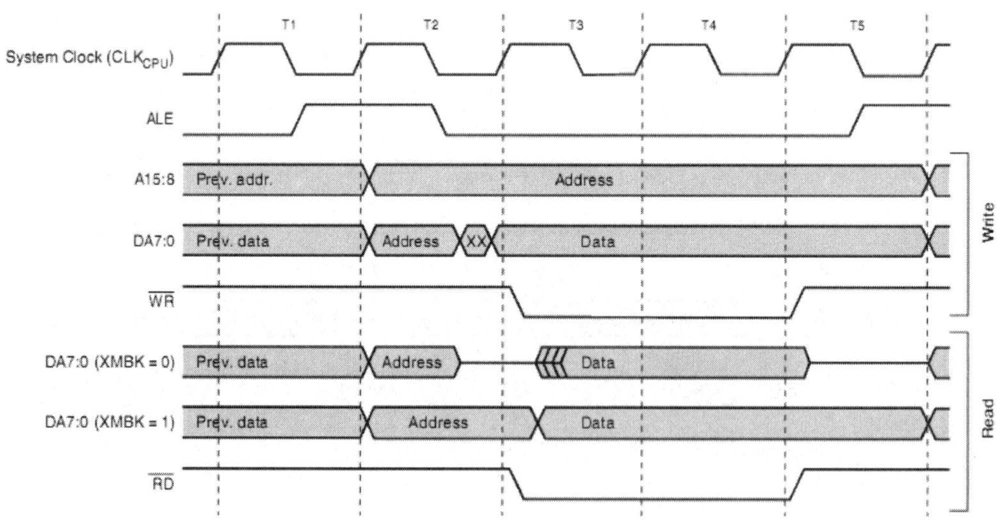

[그림 5-22] 외부 데이터 메모리 사이클(웨이트 1)

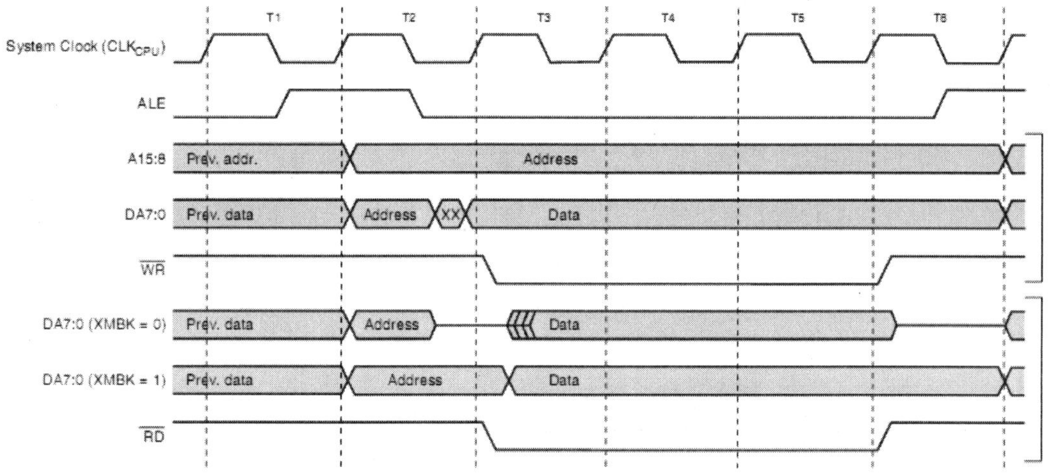

[그림 5-23] 외부 데이터 메모리 사이클(웨이트 2)

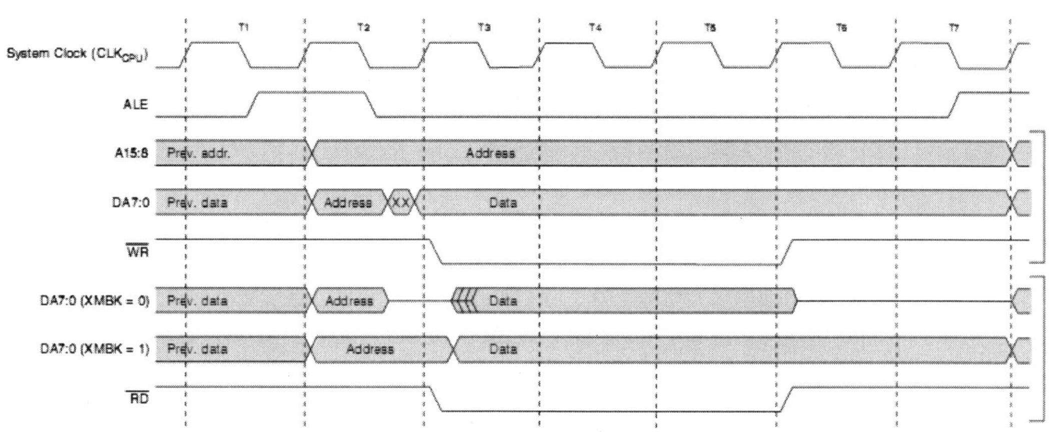

[그림 5-24] 외부 데이터 메모리 사이클(웨이트 3)

(1) 외부 메모리 설정 레지스터

[그림 5-25]는 선택 영역으로서 외부 메모리로서 사용자가 메모리 영역을 지정하여 사이즈를 설정하여 2개의 영역으로 나눌 수 있다. 그리고 각 영역의 접근속도를 영역별로 설정 가능하다.

만약 속도가 빠른 디바이스와 인터페이스를 한다면 웨이트를 0으로 하거나, 상대적으로 느린 디바이스는 웨이트를 적절히 조절하여 타이밍을 맞출 수가 있으므로 ATmega128로 주변 설계시 매우 유용하다. 여기에 관계된 레지스터는 MCUCR, XMCRA, XMCRB로 설정한다.

(2) MCUCR 레지스터

ATmega128의 전체적인 시스템 기능을 설정하는 데 사용되며 이 중에서 외부 데이터 메모리 영역의 설정과 관련되는 비트는 SRE와 SRW10이다.

Bit	7	6	5	4	3	2	1	0	
	SRE	SRW10	SE	SM1	SM0	SM2	IVSEL	IVCE	MCUCR
Read/Write	R/W	R/W	R/W	R/W	R/W	R/W	R/W	R/W	
Initial Value	0	0	0	0	0	0	0	0	

[그림 5-25] MCUCR 레지스터

① Bit 7 - SRE : External SRAM/XMEM Enable

A15~A8, AD0~AD7, ALE, WR, RD 등과 같은 외부 데이터 메모리 영역의 액세스 신호를 유효하게 만들어 준다. 만약 설정하지 않는다면 이들의 기능은 단지 포트로 동작된다.

② Bit 6 - SWR10 : Wait-state Select Bit

외부 데이터 메모리 영역을 접근할 때 부여하는 웨이트 사이클의 수를 지정한다. XMCRA 레지스터의 SRW11 비트가 조합되어 웨이트비를 설정한다.

(3) XMCRA 레지스터

외부 메모리 컨트롤 레지스터로서 메모리 영역을 분할하거나 웨이트 사이클을 설정하는 데 사용한다.

Bit	7	6	5	4	3	2	1	0	
	–	SRL2	SRL1	SRL0	SRW01	SRW00	SRW11	–	XMCRA
Read/Write	R	R/W	R/W	R/W	R/W	R/W	R/W	R	
Initial Value	0	0	0	0	0	0	0	0	

[그림 5-26] XMCRA(External Memory Control Register)

① Bit 7 -Res : 예약 비트

예약된 비트이며 읽을 때는 항상 0으로 읽혀진다. 다른 디바이스와의 호환성을 고려해 0으로 써주어야 한다.

② Bit 6..4 - SRL2, SRL1, SRL0 : 대기－상태 섹터 제한

〈표 5-6〉과 같이 설정하면 섹터 영역이 나누어진다.

〈표 5-6〉 SRL..SRL0의 설정들에 대한 섹터 영역

SRL2	SRL1	SRL0	Sector Limits
0	0	0	Lower sector = N/A Upper sector = 0x1100 – 0xFFFF
0	0	1	Lower sector = 0x1100 – 0x1FFF Upper sector = 0x2000 – 0xFFFF
0	1	0	Lower sector = 0x1100 – 0x3FFF Upper sector = 0x4000 – 0xFFFF
0	1	1	Lower sector = 0x1100 – 0x5FFF Upper sector = 0x6000 – 0xFFFF
1	0	0	Lower sector = 0x1100 – 0x7FFF Upper sector = 0x8000 – 0xFFFF
1	0	1	Lower sector = 0x1100 – 0x9FFF Upper sector = 0xA000 – 0xFFFF
1	1	0	Lower sector = 0x1100 – 0xBFFF Upper sector = 0xC000 – 0xFFFF
1	1	1	Lower sector = 0x1100 – 0xDFFF Upper sector = 0xE000 – 0xFFFF

③ Bit 3..2 - SW01, SW00 : 외부 메모리 하위영역에 대한 웨이트 선택

MCUCR의 SRW10비트와 함께 사용하여서 외부 메모리 하위 섹터에 대한 웨이트 사이클을 지정한다. 〈표 5-7〉은 MCUCR의 SRW10과 XMCRA의 SWn1, Sn0의 조합으로 웨이트 상태를 보여준다.

〈표 5-7〉 SRW01, SRW10의 설정에 대한 웨이트 상태

SRWn1	SRWn0	Wait States
0	0	No wait-states
0	1	Wait one cycle during read/write strobe
1	0	Wait two cycles during read/write strobe
1	1	Wait two cycles during read/write and wait one cycle before driving out new address

(4) XMCRB 레지스터

XMCRB(외부 메모리 컨트롤 레지스터 B)는 버스 키퍼 기능을 설정하고 외부 데이터 메모리의 어드레스 상위 바이트의 어드레스 사용 비트를 설정한다.

Bit	7	6	5	4	3	2	1	0	
	XMBK	-	-	-	-	XMM2	XMM1	XMM0	XMCRB
Read/Write	R/W	R	R	R	R	R/W	R/W	R/W	
Initial Value	0	0	0	0	0	0	0	0	

[그림 5-27] 외부 메모리 컨트롤 레지스터 B

① Bit 7 - XMBK : 외부 메모리 버스 - 키퍼 인에이블

AD7~AD0 신호가 3상으로 되어야 하는 동안에 이를 이전의 값으로 출력되도록 하는 버스 키퍼 기능을 설정한다. XMBK에 0값을 쓰면 버스 제동이 비활성화된다. XMBK는 SRE의 설정과는 무관하게 동작한다.

② Bit 6..3 - 예약 비트

예약된 비트이며 읽을 때는 항상 0으로 읽혀진다. 다른 디바이스와의 호환성을 고려해 0으로 써주어야 한다.

③ Bit 2..0 - XMM2, XMM1, XMM0 : 외부 메모리 상위 마스크

외부 메모리가 활성화될 때 모든 C포트는 기본적으로 상위 어드레스 바이트를 위해 사용된다. 이 기능을 이용하면 A15~A8의 일부분만을 어드레스로 사용 가능하다. 만약 설정에 의해서 일부만 어드레스로 사용한다면 나머지 부분의 비트는 포트 C의 기능이 된다.

〈표 5-8〉 외부 메모리 상위 마스크 설정과 포트 C 상태

XMM2	XMM1	XMM0	#Bits for External Memory Address	Released Port Pine
0	0	0	8(Full 60KB space)	None
0	0	1	7	PC7
0	1	0	6	PC7-PC6
0	1	1	5	PC7-PC5
1	0	0	4	PC7-PC4
1	0	1	3	PC7-PC3
1	1	0	2	PC7-PC2
1	1	1	No Address high bits	Full Port C

(5) 64kByte보다 작은 외부 메모리 사용법

내부 메모리가 설정되고 난 후에 외부 메모리가 설정되기 때문에 외부 메모리는 데이터 공간의 처음 4352바이트는 어드레스되지 않는다. 외부 메모리의 처음 4352바이트(0x0000~0x10FF)가 접근되어지지 않는 것처럼 보인다.

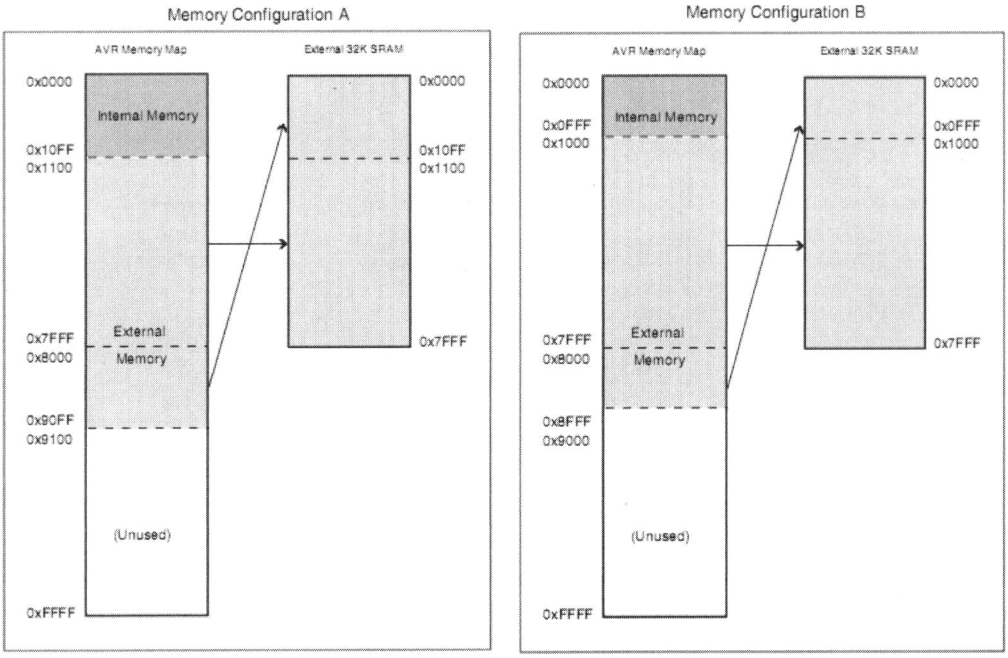

[그림 5-28] 외부 메모리 어드레스 맵

그러나 64kByte보다 작은 크기의 외부 메모리와 연결할 경우 32kByte의 예를 들자면 위치의 주소는 0x8000에서 0x90FF로 쉽게 접근된다. 외부 메모리 어드레스 A15는 외부 메모리에 연결되지 않기 때문에 주소 0x8000에서 0x90FF는 주소 0x0000에서 0x10FF처럼 보인다. 이와 같은 예로서 0x90FF와 같은 어드레스는 권장하지 않는다.

왜냐하면 이미 다른 어드레스로 접근되어 있는 외부 메모리 위치를 어드레스하기 때문이다. 응용 소프트웨어에서 외부 32kByte 메모리는 0x1100부터 0x90FF까지의 선형적인 32kByte의 어드레스 공간으로 보일 것이다.

5. 시스템 클록과 클록 선택

가. 시스템 클록과 분배

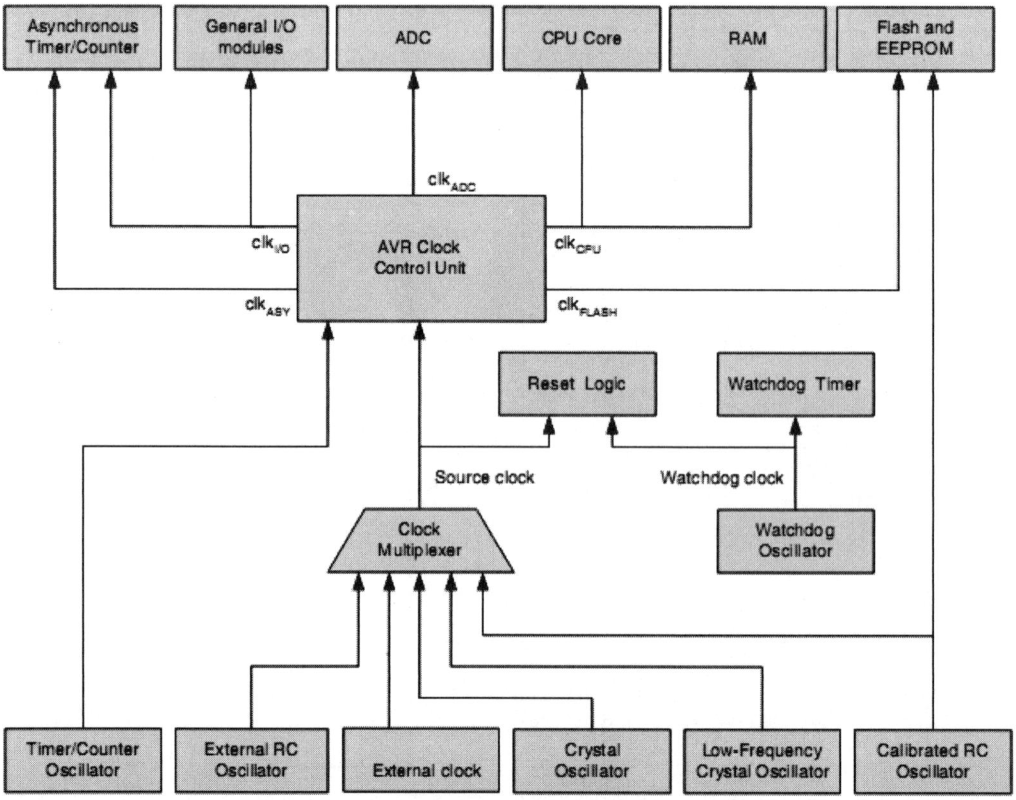

[그림 5-29] 클록 분배

[그림 5-29]는 주 클록과 그것의 분배를 보여준다. 모든 클록이 주어진 시간에 활성화될 필요는 없다. 전력소비를 줄이기 위해 사용되지 않는 모듈들에 대한 클록들은 다른 슬립 모드를 사용함으로써 정지시킬 수 있다.

(1) CPU 클록 $-clk_{CPU}$

CPU 클록은 AVR 코어 동작과 연관된 시스템의 한 부분으로 전달된다.

그러한 모듈의 예들은 범용 목적 파일, 상태 레지스터 그리고 스택 포인터를 가지는 데이터 메모리들이다.

CPU 클록을 정지하는 것은 코어가 일반적인 동작과 연산을 수행하는 것을 막는다.

(2) I/O 클록 $-clk_{I/O}$

I/O 클록은 대부분 USART, SPI, 타이머/카운터와 같은 I/O 모듈에 의해 사용된다. I/O 클록은 또한 외부 인터럽트 모듈에 의해 사용된다.

그러나 몇몇 외부 인터럽트들은 비동기 논리에 의해 검출되고 심지어 I/O 클록이 정지되더라도 그와 같은 인터럽트의 검출이 허가된다. 또한 TWI 모듈에서 어드레스 인식은 $clk_{I/O}$ 정지되었을 때 비동기적으로 실행되고, 모든 슬립 모드에서 TWI 주소 수신이 가능함을 주의해야 한다.

(3) 플래시 클록 $-clk_{FLASH}$

플래시 클록은 플래시 인터페이스에 대한 동작을 제어한다. 플래시 클록은 특이하게 CPU 클록과 동시에 활성화된다.

(4) 비동기 타이머 클록 $-clk_{ASY}$

비동기 타이머 클록은 비동기 타이머/카운터가 외부 32kHz의 크리스털 클록으로부터 바로 클록되도록 한다. 부여된 클록 영역은 ATmega128이 슬립 모드에 있을 때조차도 실시간 카운터로서 이 타이머/카운터를 사용하도록 해준다.

(5) ADC 클록–clk_{ADC}

ADC는 전용 클록을 가진다. 이것은 디지털 회로에 의해서 발생된 노이즈를 감소하기 위해서 CPU와 I/O 클록을 정지시킬 수 있다. 이것은 더 정확한 A/D 변환 결과를 준다.

나. 클록 소스

ATmega128은 〈표 5-9〉와 같이 플래시 퓨즈 비트에 의해 선택된 클록 소스 옵션을 가지고 있다. 선택된 소스로부터 클록은 AVR 클록 발생기에 입력되고, 적당한 모듈에 공급된다.

〈표 5-9〉 클록 소스 옵션

Device Clocking Option	CKSEL3..0[1]
External Crystal/Ceramic Resionator	1111-1010
External Low-frequency Crystal	1001
External RC Oscillator	1000-0101
Calibrated Internal RC Oscillator	0100-0001
External Clock	0000

〈표 5-10〉 오실레이터 사이클 수

Typical Time-out(V_{CC}=5.0V)	Typical Time-Out(V_{CC}=3.0V)	Number of Cycles
4.1ms	4.3ms	4K(4,096)
65ms	69ms	64K(65,536)

다. 기본 클록 소스

ATmega128은 CKSEL=0001과 SUT=10으로 설정되어 있다. 그러므로 기본적인 클록 소스 설정은 가장 긴 시작 시간으로 내부 RC 발진기로 되어 있다.

기본 설정으로 모든 사용자는 In-System 병렬 프로그래밍으로 사용자가 원하는 클록 소스를 설정할 수 있다.

라. 크리스털 발진기

XTAL1과 XTAL2는 칩의 내장된 발진기를 사용할 수 있도록 구성된 반전 증폭기의 입력과 출력이다. [그림 5-30]은 외부 크리스털과 콘덴서의 결합을 보여준다. [그림 5-30]처럼 외부에 크리스털 또는 레조네이터를 접속한다.

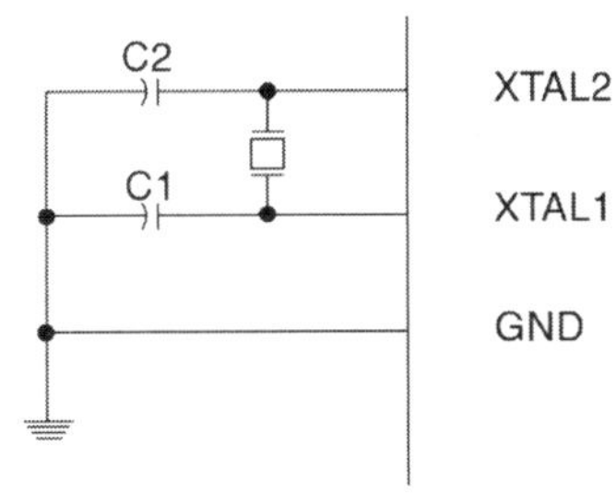

[그림 5-30] 외부 크리스털 또는 레조네이터 접속

CKSEL3~0의 설정에 의해서 ATmega128의 내장된 발진회로를 통하여 클록 주파수가 생성된다.

CKPOT 비트를 0으로 설정하면 발진회로의 출력전압이 커지는데 노이즈를 줄이는데 유리하다.

CKPOT 비트를 1로 하면 발진회로의 출력 전압이 작아지고 발진 주파수에 제한을 받게 되지만 소비전력이 감소한다.

외부 크리스털을 사용할 때는 3가지의 동작 모드로 작동되는데, 〈표 5-11〉을 참조하여 설정하면 된다.

〈표 5-11〉 외부 크리스털 동작 모드

CKOPT	CKSEL3..1	Frequency Range (MHz)	Recommended Range for Capacitors C1 and C2 for Use with Crystals
1	101[(1)]	0.4~0.9	-
1	110	0.9~3.0	12pF~22pF
1	111	3.0~8.0	12pF~22pF
0	101, 110, 111	1.0~	12pF~22pF

〈표 5-12〉 외부 크리스털 사용시 기동시간 선택

CKSEL0	SUT1..0	Start-up Time from Power-down and Power-save	Additional Delay from Reset (V_{CC}=5.0V)	Recommended Usage
0	01	258CK[(1)]	4.1ms	Ceramic resonator, fast rising power
0	-1	258CK[(1)]	65ms	Ceramic resonator, slowly rising power
0	1-	1K CK[(2)]	–	Ceramic resonator, BOD enabled
0	11	1K CK[(2)]	4.1ms	Ceramic resonator, fast rising power
1	00	1K CK[(2)]	65ms	Ceramic resonator, slowly rising power
1	01	16K CK	–	Crystal Oscillator, BOD enabled
1	10	16K CK	4.1ms	Crystal Oscillator, fast rising power
1	11	16K CK	65ms	Crystal Oscillators, slowly rising power

마. 저주파 크리스털 발진기

32.768kHz의 저주파 크리스털을 사용하는 경우에는 CKSEL3~0m을 1001로 설정해야 한다. CKOPT 비트를 0으로 설정하면 내부의 커패시터가 36pF이 사용되는데 이때 C1과 C2는 사용을 금지한다.

〈표 5-13〉 외부 저주파 크리스털시 기동시간의 선택

SUT1..0	Start-up Time from Power-down and Power-save	Additional Delay from Reset(V_{CC}=4.0V)	Recommended Usage
00	1K CK[(1)]	4.1ms	Fast rising power of BOD enabled
01	1K CK[(1)]	65ms	Slowly rising power
10	32K CK	65ms	Stable frequency at start-up
11	Reserved		

바. 외부 *RC* 발진기

정확한 타이밍이 사용되지 않는 시스템에서 사용한다. 주파수 구하는 식은 $f=1/(3RC)$이다. C는 최소한 22pF 이상이 되어야 한다. CKOPT 퓨즈 비트의 설정으로 XTAL과 GND 단자 사이의 외부 C 대신 내부의 36pF의 C가 사용된다. 설정은 CKOPT를 0으로 한다.

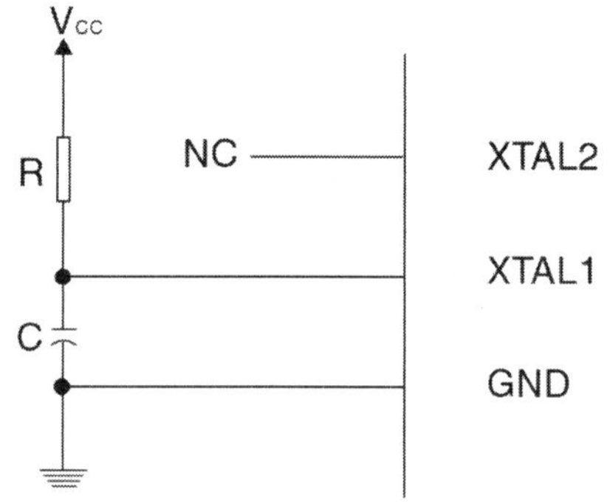

[그림 5-31] 외부 *RC*의 접속

〈표 5-14〉 외부 *RC* 발진기 클록 선택 시작 시간 설정

SUT1..0	Start-up Time from Power-down and Power-save	Additional Delay from Reset (V_{CC}=5.0V)	Recommended Usage
00	18CK	–	BOD enabled
01	18CK	4.1ms	Fast rising power
10	18CK	65ms	Slowly rising power
11	6CK[(1)]	4.1ms	Fast rising power or BOD enabled

〈표 5-15〉 외부 *RC* 발진기 동작 모드

CKSEL3..0	Frequency Range(MHz)
0101	0.1~0.9
0110	0.9~3.0
0111	3.0~8.0
1000	8.0~12.00

사. 내부 *RC* 발진기

조절된 내부 *RC* 발진기는 주파수가 1.0, 2.0, 4.0 그리고 8.0MHz로 고정된 클록을 제공한다. 설정은 CKSEL3~0의 비트를 사용한다. 이 클록을 사용하기 위해서는 CKOPT 비트는 1로 되어야 한다.

XTAL1과 XTAL2 단자에는 아무것도 연결하지 않는다. 리셋 동안 하드웨어는 조정 바이트로 OSCCAL 레지스터를 조정하면 *RC* 발진기를 자동적으로 조정하게 된다.

〈표 5-16〉 조정된 내부 *RC* 발진기 동작 모드

CKSEL3..0	Nominal Frequency(MHz)
0001[(1)]	1.0
0010	2.0
0011	4.0
0100	8.0

〈표 5-17〉 내부 조정된 *RC* 발진기 클록 선택 시작 설정

SUT1..0	Start-up Time from Power-down and Power-save	Additional Delay from Reset(V_{CC}=5.0V)	Recommended Usage
00	6CK	–	BOD enabled
01	6CK	4.1ms	Fast rising power
10[(1)]	6CK	65ms	Slowly rising power
11	Reserved		

아. 발진기 조정 레지스터 – OSCCAL

Bit	7	6	5	4	3	2	1	0	
	CAL7	CAL6	CAL5	CAL4	CAL3	CAL2	CAL1	CAL0	OSCCAL
Read/Write	R/W	R/W	R/W	R/W	R/W	R/W	R/W	R/W	
Initial Value	Device Specific Calibration Value								

[그림 5-32] OSCCAL 레지스터

① Bit 7..0 - CAL 7..0 : 발진기 조정값

OSCCAL 레지스터에 조정값을 넣으면 내부 발진기를 균형있게 해서 발진기의 주파수에 의한 처리변동을 막아준다. 리셋 동안 1MHz의 낮은 상위 바이트(0x00)에 있는 조정값은 자동적으로 OSCCAL 레지스터로 로딩 된다. 만일 내부 *RC*가 다른 주파 수 대역에 쓰인다면 사용자가 수동적으로 OSCCAL 레지스터에 값을 지정하면 된다.

OSCCAL의 값이 0이면 최저의 주파수대가 선택된다. 0이 아닌 값을 이 레지스터에 쓰게 되면 내부 발진기의 주파수를 증가시킨다. 최고의 가능 주파수는 $FF값을 지정하면 된다. 조정된 발진기는 EEPROM과 플래시 메모리를 접근하는데 사용된다.

EEPROM이나 플래시가 쓰여질 경우 주파수의 10% 이상 초과하지 않는 범위 내에서 조정값을 설정하여야 한다. 그렇지 않을 시 EEPROM 플래시 쓰기가 실패할 것이다. 발진기는 1.0, 2.0, 3.0, 4.0 또는 8.0MHz로 조정되는 것을 주의한다. 다른 값으로 설정될 경우 안정성을 보장받지 못한다.

〈표 5-18〉 내부 *RC* 발진기 주파수 범위

OSCCAL Value	Min Frequency in Percentage of Nominal Frequency(%)	Max. Frequency in Percentage of Nominal Frequency(%)
$00	50	100
$7F	75	150
$FF	100	200

자. 외부 클록

외부에서 클록 신호를 공급할 때는 XTAL 단자에 연결하며 XTAL2 단자는 NC로 두고 외부 클록에 칩을 동작시킬 때 CKSEL 퓨즈는 000으로 프로그램되어야 한다. CKOPT 퓨즈를 0으로 설정하면 외부의 XTAL1과 GND 단자 사이에 내부 36pF의 커패시터가 연결된다.

클록 주파수가 2% 이상 변동하면 MCU의 동작이 불안정해져 예측할 수 없는 동작을 유발할 수 있다. 그러한 클록 주파수의 변동이 있을 동안에는 MCU가 RESET 상태가 되도록 하여야 한다.

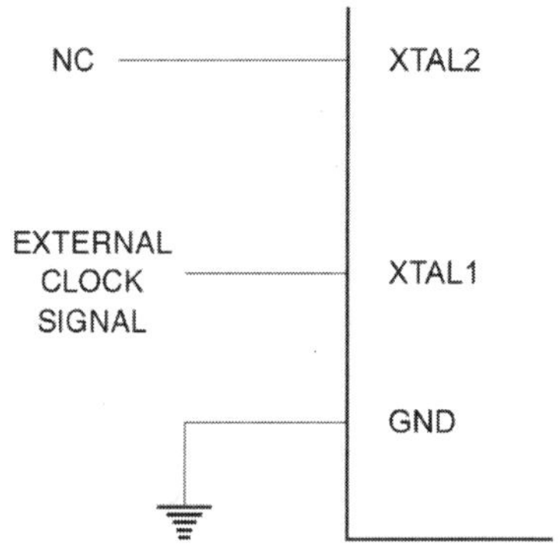

[그림 5-33] 외부 클록 드라이브 구성

〈표 5-19〉 외부 클록 선택을 위한 시작 시간 설정

SUT1..0	Start-up Time for Power-down and Power-save	Additional Delay from Reset(V_{CC}=5.0V)	Recommended Usage
00	6CK	–	BOD enabled
01	6CK	4.1ms	Fast rising power
10	6CK	65ms	Slowly rising power
11	Reserved		

차. 타이머/카운터 발진기

AVR 마이크로컨트롤러에서 타이머/카운터 발진기의 핀들은(TOSC1과 TOSC2) 크리스털이 이들 핀 사이에 직접 연결된다. 외부 커패시터는 필요하지 않다. 발진기는 32.768kHz 시계 크리스털로 사용도록 최적화되어 있다. 외부 클록 소스를 TOSC1에 연결하는 것은 권장하지 않는다.

(1) XTAL 분할제어 레지스터 – XDIV

XTAL 분할제어 레지스터는 입력 클록 주파수를 2~129 사이의 숫자로 나눈다. 이 때문에 프로세싱 요구전력이 낮을 때 전력소비를 줄일 수 있다.

Bit	7	6	5	4	3	2	1	0	
	XDIVEN	XDIV6	XDIV5	XDIV4	XDIV3	XDIV2	XDIV1	XDIV0	XDIV
Read/Write	R/W	R/W	R/W	R/W	R/W	R/W	R/W	R/W	
Initial Value	0	0	0	0	0	0	0	0	

[그림 5-34] XTAL 분할제어 레지스터 - XDIV

① Bit 7 - XDIVEN : XTAL 분할 활성화

XDIVEN 비트가 1이라면 CPU의 클록 주파수와 주변(CLK I/O, CLKADC, CLK, CPU, CLKFLASH) 등은 XDIV6-XDIV0에서 설정된 인수로 나누어진다. 이 비트는 동작중에도 애플리케이션에 맞게 클록 주파수를 설정 가능하다.

② Bit 6..0 - XDIV6..XDIV0 : XTAL 분할 인수 6 - 0

이들 비트는 XDIVEN 비트가 1로 되었을 때 분할 인수로 정의된다.

만일 이들 비트값을 d라고 놓을 경우 식 (5-1)과 같은 결과값으로 CPU와 주변장치 공급 클록 주파수가 된다.

$$f_{\mathrm{CLK}} = \frac{\text{Source Clock}}{129 - d} \tag{5-1}$$

7비트의 XDIV6~XDIV0으로 설정할 수 있는 값은 0에서 127이므로 분주비는 2~129가 된다.

6. 전원 관리와 슬립 모드

슬립 모드는 MCU의 사용되지 않는 모듈들의 동작을 정지시켜(Shut down) 소비전력을 절감하는 기능이다. ATmega128은 이러한 슬립 모드를 6개 제공한다.

슬립 모드를 사용하려면 MCUCR 레지스터의 SE비트를 1로 설정하고 SM2..0 비트를 이용하여 사용자가 원하는 슬립 모드를 지정할 수 있다. 그 후 SLEEP 명령을 실행하면 된다.

슬립 모드의 해제는 슬립 모드에서 허용된 인터럽트가 발생되면 해제되는데 MCU는 4사이클이 더 지난 후에 동작이 된다.

먼저 인터럽트 루틴이 실행되고 SLEEP 명령의 뒤에 이어지는 명령으로 복귀한다.

Bit	7	6	5	4	3	2	1	0	
	SRE	SRW10	SE	SM1	SM0	SM2	IVSEL	IVCE	MCUCR
Read/Write	R/W	R/W	R/W	R/W	R/W	R/W	R/W	R/W	
Initial Value	0	0	0	0	0	0	0	0	

[그림 5-35] MCUCR의 슬립 모드 관련 설정

① Bit 5 - SE : 슬립 인에이블

SE 비트는 슬립 명령이 실행될 때 MCU를 슬립 모드로 진입하기 위해 논리적으로 1로 써야 한다.

② Bit 4..2 - SM2..0 : 슬립 모드 선택 비트 2, 1 그리고 0

이 비트들은 〈표 5-20〉처럼 슬립 모드의 지정이 된다.

〈표 5-20〉 슬립 모드의 지정

SM2	SM1	SM0	Sleep Mode
0	0	0	Idle
0	0	1	ADC Noise Reduction
0	1	0	Power-down
0	1	1	Power-save
1	0	0	Reserved
1	0	1	Reserved
1	1	0	Standby(1)
1	1	1	Extended Standby(1)

가. Idle 모드

SPI, USART, 아날로그 비교기, ADC, TWI, 타이머/카운터, 워치독, 인터럽트 시스템의 동작은 계속된다. CPU의 동작은 멈춘다. 이 슬립 모드에서 기본적으로 다른 클록들은 동작되는 반면 clk_{CPU}와 clk_{FLASH}는 정지된다. 설정은 SM2, SM1, SM0이 0, 0, 0으로 설정한다.

나. ADC 노이즈 감소

ADC, TWI, 타이머/카운터0, 워치독, 외부 인터럽트 등의 동작은 계속 된다. CPU의 동작은 멈춘다. 이 슬립 모드에서 기본적으로 다른 클록들은 동작되는 반면 clk_{CPU}과 clk_{FLASH}는 정지된다. ADC의 정밀한 동작을 위해 사용된다.

다. Power – down 모드

TWI, 워치독, 외부 인터럽트의 동작은 계속된다. 모든 클록이 차단되어 비동기 모듈의 동작만이 가능하다. 이 모드 해제시 안정적인 클록 상태로 들어가기 위해서는 충분한 시간이 요구되는데 사용자에 의한 지정이 가능하다.

라. Power – save 모드

이 모드는 Power-down 모드와 거의 비슷하지만 1가지의 차이점이 있다.

타이머/카운터0이 TOSC1과 TOSC2 단자로 입력되는 외부 클록에 의하여 비동기로 동작할 때 이 모드를 사용한다.

clk_{ASY}를 제외한 모든 클록이 차단된다. ASSR 레지스터의 AS0 비트를 1로 설정한다.

마. Standby 모드

외부 크리스털 또는 레조네이터를 사용하는 경우에만 가능하다. 오실레이터는 동작하고 있기 때문에 Standby 모드가 해제되어 정상 동작이 개시되는데 6개의 클록 사이클이 소요된다. Power-down 모드와 유사하다.

바. EXtended Standby 모드

Power-save 모드와 유사하며 클록 발생회로인 오실레이터가 동작한다. 외부 크리스털 또는 레조네이터를 사용하는 경우에만 가능하다. 오실레이터는 동작하고 있기 때문에 Standby 모드가 해제되어 정상 동작이 개시되는데 6개의 클록 사이클이 소요된다.

〈표 5-21〉 각 슬립 모드에서의 슬립 모드 해제 소스와 활성화 클록

Sleep Mode	Active Clock Domains					Oscillators		Wake Up Sources					
	clk_{CPU}	clk_{FLASH}	clk_{IO}	clk_{ADC}	clk_{ASV}	Main Clock Source Enabled	Timer Osc Enabled	INT7 : 0	TWI Address Match	Timer 0	SPM/ EEPROM Ready	ADC	Other I/O
Idle			×	×	×	×	×(2)	×	×	×	×	×	×
ADC Noise Reduction				×	×	×	×(2)	×(3)	×	×	×	×	
Power-down								×(3)	×				
Power-save					×(2)		×(2)	×(3)	×	×(2)			
Standby(1)						×		×(3)	×				
Extended Standby(1)					×(2)	×	×(2)	×(3)	×	×(2)			

7. 시스템 제어와 리셋

가. AVR 리셋

리셋 동안 모든 I/O 레지스터는 초기값으로 셋된다. 그리고 프로그램은 리셋 벡터로부터 실행을 시작한다. 리셋 벡터에 위치한 명령은 리셋 처리 루틴으로 JMP 명령이 될 것이다.

리셋 입력이 활성화되면 AVR I/O 포트는 즉시 디폴트 값으로 리셋이 된다. 리셋 입력 후에도 시간지연 카운터의 동작에 의해 내부의 리셋 신호는 기동시간만큼 연장된다.

나. AVR 리셋 소스

① Power-on Reset : MCU는 공급전압이 Power-on Reset Threshold 이하 일 때 리셋이 된다.

② External Reset : MCU는 RESET 핀에 최소 펄스 길이보다 긴 Low 레벨이 나타날 때 리셋이 된다.

③ Watchdog Reset : MCU는 워치독 타이머 주기가 끝나고 워치독이 인에이블될 때 리셋이 된다.

④ Brown-out Reset : 공급전압 V_{cc}가 Brown-out Reset Threshold 아래이고 Brown-out 감지기가 인에이블일 때 리셋이 된다.

⑤ JTAG AVR reset : JTAG 시스템에서 리셋 레지스터에 논리값 1이 저장되고, 이와 연관된 하드웨어가 동작함으로써 리셋이 된다.

〈표 5-22〉 리셋 특성

Symbol	Parameter	Condition	Min	Typ	Max	Units
V_{POT}	Power-on Reset Threshold Voltage (Rising)			1.4	2.3	V
	Power-on Reset Threshold Voltage (falling)[1]			1.3	2.3	V
V_{RST}	$\overline{\text{RESET}}$ Pin Threshold Voltage		$0.2V_{CC}$		$0.85V_{CC}$	V
t_{RST}	Pulse width on $\overline{\text{RESET}}$ Pin		1.5			μs
V_{BOT}	Brown-out Reset Threshold Voltage[2]	BODLEVEL=1	2.4	2.6	2.9	V
		BODLEVEL=0	3.7	4.0	4.5	
T_{BOD}	Minimum low voltage period for Brown-out Detection	BODLEVEL=1		2		μs
		BODLEVEL=0		2		μs
V_{HYST}	Brown-out Detector hysteresis			100		mV

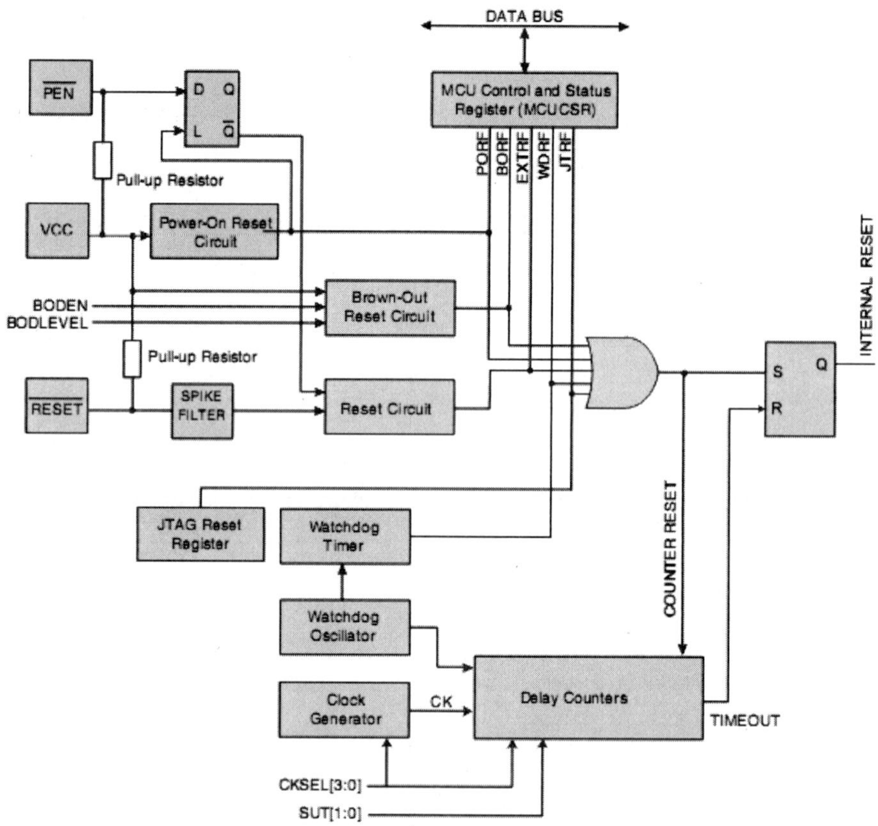

[그림 5-36] 리셋 로직

(1) 파워 온 리셋

MCU의 내부 검출회로에 의해 동작된다. V_{cc}가 검출 레벨 Power-on Reset Threshold 이하일 때 액티브된다. 전원이 투입되면 바로 리셋이 된다.

전원 전압이 V_{POT}의 레벨이 되면 시간 지연 카운터의 동작이 개시되어 전원 전압이 V_{POT}의 이상으로 된 이후에도 일정 시간 동안 리셋이 유지되도록 한다.

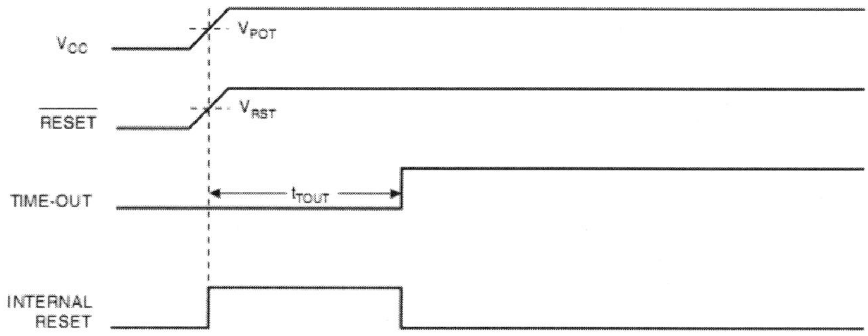

[그림 5-37] MCU Start-up Vcc에 묶여진 리셋

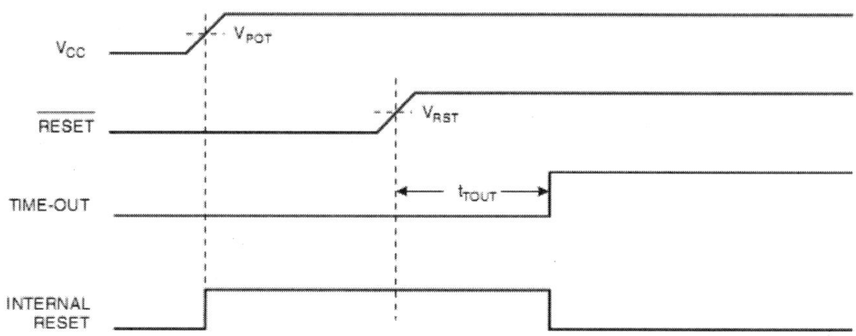

[그림 5-38] MCU Start-up 외부적으로 확장된 리셋

(2) 외부 리셋

MCU의 외부에서 RESET 핀으로 입력되는 리셋 신호에 의해서 동작된다.

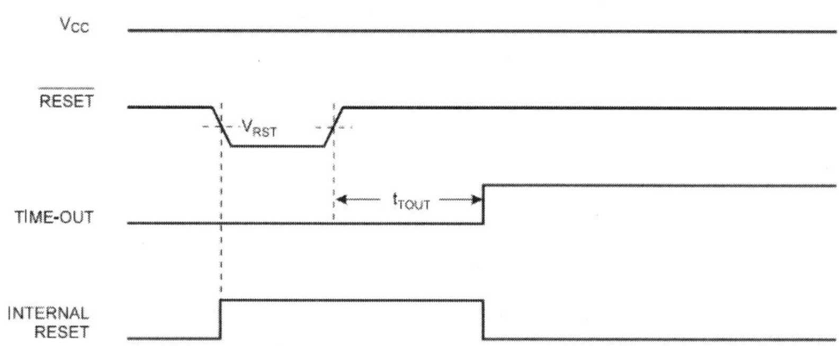

[그림 5-39] 외부 리셋 동작

이 신호는 최소한의 지정된 시간 동안 Reset Threshold Voltage 이하의 레벨이 발생하면 리셋된다. 리셋 신호가 V_{RST}의 이상으로 올라가면 시간지연 카운터가 동작하여 일정 시간 동안(t_{TOUT})리셋이 유지되도록 한다.

(3) 브라운 아웃 리셋

ATmega128의 내부 저전압 검출회로가 공급전압 V_{cc}를 검출하여 이 레벨이 브라운 아웃 리셋 Threshold Voltage(V_{BOT}) 이하의 지정된 시간동안 지속되면 발생하는 리셋이다. BOD 회로의 기능은 퓨즈 비트 BODEN 비트로 설정한다.

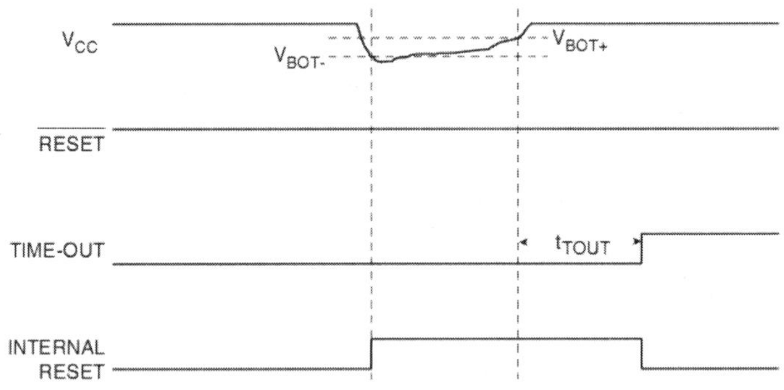

[그림 5-40] 브라운 아웃 동작

(4) 워치독 리셋

워치독 타이머에 의한 리셋이다. 워치독 타이머는 타임 아웃이 되기 전에 소프트웨어 명령으로 그 값을 클리어시켜 주지 않으면 MCU를 리셋 시스템이 정상적으로 동작하고 있는지를 감시하여 지속적인 오동작을 방지하는 기능이다.

ATmega128 내부의 독립적인 1MHz의 오실레이터에서 클록을 받아서 실행한다. 사용자에 의해 8가지 클록 주기를 변경할 수 있다. 워치독 타임 아웃이 발생하면 1클록 사이클 주기의 리셋 펄스를 발생하여 MCU를 리셋시킨다. 이 펄스 후에 시간지연 카운터의 동작이 개시되어 일정한 시간 t_{TOUT} 동안 리셋이 유지된다.

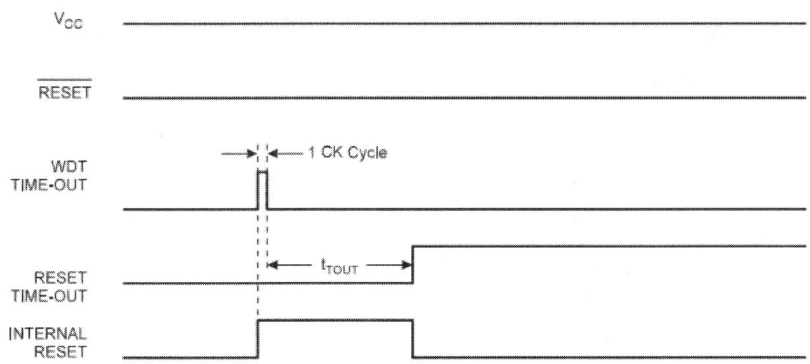

[그림 5-41] 워치독 리셋 동작

다. MCU 제어 상태 레지스터–MCUCSR

MCU 상태 제어 레지스터는 MCU 리셋을 초래하는 리셋 원인에 대한 정보를 제공한다.

Bit	7	6	5	4	3	2	1	0	
	JTD	–	–	JTRF	WDRF	BORF	EXTRF	PORF	MCUCSR
Read/Write	R/W	R	R	R/W	R/W	R/W	R/W	R/W	
Initial Value	0	0	0	See Bit Description					

[그림 5-42] MCUCSR 레지스터

① Bit 4 - JTRF : JTAG Reset Flag

이 비트는 JTAG 명령 AVR_RESET에 의해 선택된 JTAG 리셋 레지스터에 로직에 의해서 발생된 리셋이라면 셋된다. 이 비트는 파워-온 리셋에 또는 플래그를 로직 0으로 씀으로써 리셋된다.

② Bit 3 - WDRF : Watchdog Reset Flag

이 비트는 워치독 리셋이 발생하면 셋된다.

이 비트는 파워-온 리셋에 또는 플래그를 로직 0으로 씀으로써 리셋된다.

③ Bit 2 - BORF : Brown-out Reset Flag

이 비트는 브라운 아웃 리셋이 발생하면 셋된다.

이 비트는 파워-온 리셋에 또는 플래그를 로직 0으로 씀으로써 리셋된다.

④ Bit 1 - EXTRF : External Reset Flag

이 비트는 외부 리셋이 발생하면 셋된다.

이 비트는 파워-온 리셋에 또는 플래그를 로직 0으로 씀으로써 리셋된다.

⑤ Bit 0 - PORF : Power-On Reset Flag

이 비트는 파워-온 리셋이 발생하면 셋된다.

이 비트는 단지 플래그를 로직 0으로 씀으로써 리셋된다.

라. 워치독 타이머 컨트롤 레지스터-WDTCR

Bit	7	6	5	4	3	2	1	0	
	-	-	-	WDCE	WDE	WDP2	WDP1	WDP0	WDTCR
Read/Write	R	R	R	R/W	R/W	R/W	R/W	R/W	
Initial Value	0	0	0	0	0	0	0	0	

[그림 5-43] WDTCR 레지스터

① Bit 7..5 - Res : 예약 비트

예약된 비트이며 읽을 때는 항상 0으로 읽혀진다.

② Bit 4 - WDCE : Watchdog Change Enable

이 비트는 WDE 비트가 로직 0으로 쓰여질 때 셋될 것이다.

그렇지 않다면 워치독은 불가능할 것이다. 일단 1로 쓴다면 하드웨어는 4사이클 후에 이 비트를 클리어시킬 것이다.

③ Bit 3 - WDE : Watchdog Enable

WDE가 로직 1로 쓰여질 때 워치독 타이머는 인에이블된다. 그리고 만일 WDE가 0으로 된다면 워치독 타이머 기능은 디스에이블된다.

WDE는 로직 레벨 1을 가진다면 클리어될 것이다. 활성화된 워치독 타이머를 디스에이블하기 위해서 다음의 순서를 따라야 한다.

1. 동일한 동작에서 WDCE와 WDE를 로직 1로 쓴다.
   (WDCE=1, WDE=1)
2. 4사이클 이내에 WDTCR 레지스터에 WDE를 로직 0을 쓴다.

④ Bit 2..0 - WDP2, WDP1, WDP0 : Watchdog Timer Prescaler 2, 1, 0

WDP2, WDP1, WDP0 비트는 워치독 타이머가 활성화되었을 때 워치독 타이머 분주비를 결정한다.

〈표 5-23〉은 Prescaler 값과 타임 아웃 응답시간을 보여준다.

〈표 5-23〉 워치독 타이머의 프리스케일러 설정

WDP2	WDP1	WDP0	Number of WDT Oscillator Cycles	Typical Time-out at V_{CC}=3.0V	Typical Time-out at V_{CC}=5.0V
0	0	0	16K(16,384)	14.8ms	14.0ms
0	0	1	32K(32,768)	29.6ms	28.1ms
0	1	0	64K(65,536)	59.1ms	56.2ms
0	1	1	128K(131,072)	0.12s	0.11s
1	0	0	256K(262,144)	0.24s	0.22s
1	0	1	512K(524,288)	0.47s	0.45s
1	1	0	1,024K(1,048,576)	0.95s	0.9s
1	1	1	2,048K(2,097,152)	1.9s	1.8s

Assembly Code Example

```
WDT_off:
  ; Reset WDT
  wdr
  in r16, WDTCR
  ; Write logical one to WDCE and WDE
  ori r16, (1<<WDCE)|(1<<WDE)
  out WDTCR, r16
  ; Turn off WDT
  ldi r16, (0<<WDE)
  out WDTCR, r16
  ret
```

C Code Example

```
void WDT_off(void)
{
  /* Reset WDT*/
  __watchdog_reset();
  /* Write logical one to WDCE and WDE */
  WDTCR |= (1<<WDCE) | (1<<WDE);
  /* Turn off WDT */
  WDTCR = 0x00;
}
```

[그림 5-44] 워치독 타이머 사용 코딩 예문

8. 인터럽트

가. ATmega128에서 인터럽트 벡터

〈표 5-24〉 리셋과 인터럽트 벡터

Vector No	Program address	Source	Interrupt Definition
1	$0000	RESET	External Pin, Power-on, Brown-out, Watchdog, and JATG AVR Reset
2	$0002	INT0	External Interrupt Request 0
3	$0004	INT1	External Interrupt Request 1
4	$0006	INT2	External Interrupt Request 2
5	$0008	INT3	External Interrupt Request 3
6	$000A	INT4	External Interrupt Request 4
7	$000C	INT5	External Interrupt Request 5
8	$000E	INT6	External Interrupt Request 6
9	$0010	INT7	External Interrupt Request 7
10	$0012	TIMER2 COMP	Timer/Counter2 Compare Match
11	$0014	TIMER2 OVF	Timer/Counter2 Overflow
12	$0016	TIMER1 CAPT	Timer/Counter1 Capture Event
13	$0018	TIMER1 COMPA	Timer/Counter1 Compare Match A
14	$001A	TIMER1 COMPB	Timer/Counter1 Compare Match B
15	$001C	TIMER1 OVF	Timer/Counter1 Overflow
16	$001E	TIMER0 COMP	Timer/Counter0 Compare Match
17	$0020	TIMER0 OVF	Timer/Counter0 Overflow
18	$0022	SPI, STC	SPI Serial Transfer Complete
19	$0024	USART0, RX	USART0, RX Complete
20	$0026	USART0, UDRE	USART0 Data Register Empty
21	$0028	USART0, TX	USART0, Tx Complete
22	$002A	ADC	ADC Conversion Complete
23	$002C	EE READY	EEPROM Ready
24	$002E	ANALOG COMP	Analog Compare
25	$0030	TIMER1 COMPC	Timer/counter1 Compare Match C
26	$0032	TIMER3 CAPT	Timer/counter3 Capture Event
27	$0034	TIMER3 COMPA	Timer/counter3 Compare Match A
28	$0036	TIMER3 COMPB	Timer/counter3 Compare Match B
29	$0038	TIMER3 COMPC	Timer/counter3 Compare Match C
30	$003A	TIMER3 OVF	Timer/counter3 Overflow
31	$003C	USART1, RX	USART1, RX Complete
32	$003E	USART1, UDRE	USART1, Data Register Empty
33	$0040	USART1, TX	USART1, Tx complete
34	$0042	TWI	Two-wire serial Interface
35	$0044	SPM READY	Store Program Memory Ready

〈표 5-25〉에서는 BOOTRST와 IVSEL 설정의 다양한 조합에 대해 리셋과 인터럽트벡터의 위치를 보여준다. 프로그램이 인터럽트 소스를 인에이블하지 않는다면 인터럽트 벡터는 사용되지 않는다.

그리고 정규 프로그램 코드는 이 영역에 위치한다. 이것은 또한 인터럽트 벡터가 BOOT 영역에 있을 경우 Reset Vecter가 인터럽트 벡터가 부트 영역 또는 반대로 되어 있어도 애플리케이션 영역에 있다면 마찬가지 경우이다.

〈표 5-25〉 리셋과 인터럽트 벡터 위치

BOOTRST	IVSEL	Reset Address	Interrupt Vectors Start Address
1	0	$0000	$0002
1	1	$0000	Boot Reset Address + $0002
0	0	Boot Reset Address	$0002
0	1	Boot Reset Address	Boot Reset Address + $0002

부 록

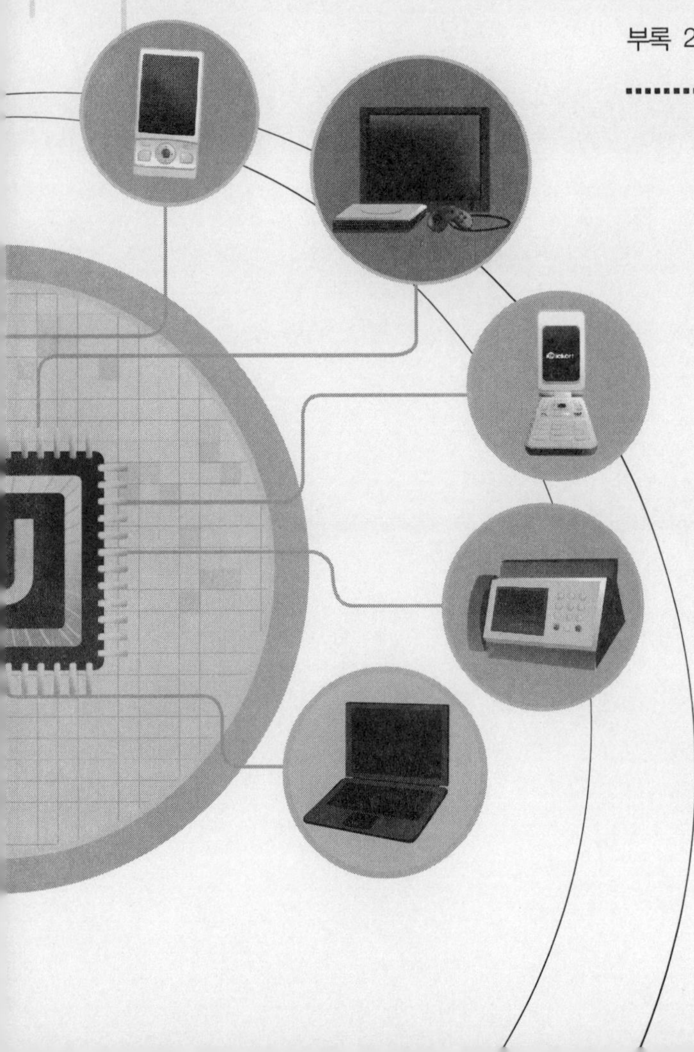

부록 1

74HC574를 이용한 LED 조명제어 예제 프로그램

가. LED 회로도

74HC574의 구동 형태를 보면 11번인 CLK로 클록이 입력되고 쓰고자 하는 데이터가 D1~D8로 입력이 된다면 출력 Q1~Q8로 새로운 데이터가 출력된다. 다음 Q1~Q8의 출력신호는 ULN2803으로 입력된다. ULN2803의 내부 블록도를 보면 반전 출력을 가지므로 논리적으로 1의 입력이면 0의 출력을 가진다. LED를 보면 캐소드와 330Ω의 저항을 거쳐서 ULN2803과 연결되어 있어서 74HC574의 입력 1일 때 LED는 ON되고 0이면 OFF된다.

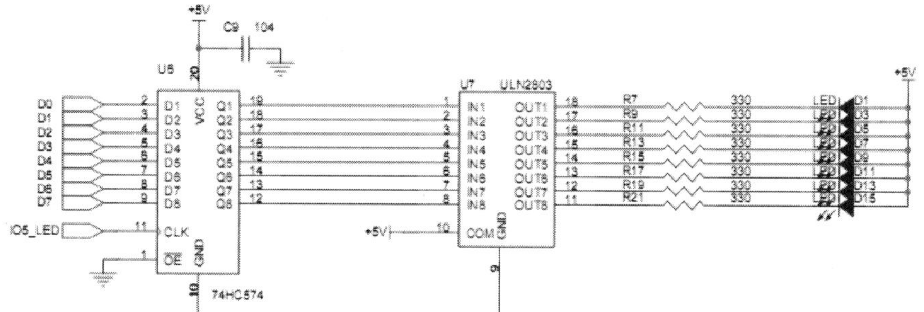

[그림 1] LED 부분 회로도

나. LED 조명제어 프로그램

다음은 동작에 대한 것이다.

① STEP 1 : LED 8개 전체를 약 0.5초 간격으로 ON/OFF 제어
② STEP 2 : LED가 하나씩 증가되고 다 증가되면 감소되게 제어
③ STEP 3 : LED 8개 전체를 인터럽트 ON/OFF 제어

```
*****************************************************************
-STEP 1-
LED 8개 전체를 약 0.5초 간격으로  ON/OFF 제어
*****************************************************************
#include <mega128.h>
#include <delay.h>

#define  LED_OUT *(unsigned char *)0xB000
#define  HBLED_OUT *(unsigned char *)0xC000

void main(void)
{

// External SRAM page configuration:  -  / 0000h - FFFFh
// Upper page wait state(s): 1r/w
  MCUCR=0xC0;
  XMCRA=0x00;

  while(1)
        {
         LED_OUT=0xff;
         HBLED_OUT=0x00;
         delay_ms(500);
         LED_OUT=0x00;
         HBLED_OUT=0xff;
         delay_ms(500);
        }
 }
*****************************************************************

*****************************************************************
 -STEP 2-
 LED가 하나씩 증가되고 다 증가되면 감소되게 제어
*****************************************************************
#include <mega128.h>
#include <delay.h>

#define  LED_OUT *(unsigned char *)0xB000
```

```
#define   HBLED_OUT *(unsigned char *)0xC000

unsigned char led[8]={0x01,0x03,0x07,0x0f,0x1f,0x3f,0x7f,0xff};
//배열 8개를 선언 초기값을 부여함
char cnt; //부호 있는 정수형 변수 전역 변수로 설정

void main(void)
{
// External SRAM page configuration:  -  / 0000h - FFFFh
// Upper page wait state(s): 1r/w
  MCUCR=0xC0;
  XMCRA=0x00;

        while(1)
        {
                for(cnt=0;cnt<=15;cnt++)
                {    //cnt 변수가 0에서 15까지 16회 실행
                        if(cnt<8) //0에서 7까지 8회 실행된다.
                        {
                                delay_ms(500);//시간지연 0.5초
                                LED_OUT=led[cnt]; //변수값에 대한 배열값 출력
                                HBLED_OUT=~led[cnt];//변수값 반전
                        }
                        else if(cnt>=8) //8에서 15까지 8회 실행
                        {
                                delay_ms(500);//시간지연 0.5초
                                LED_OUT=led[14-cnt];
                                HBLED_OUT=~led[14-cnt];
                        }
                }
        }
}

*****************************************************************

*****************************************************************
```

-STEP 3-

LED 8개 전체를 인터럽트 ON/OFF 제어

```
*****************************************************************
 #include <mega128.h>

 #define  LED_OUT *(unsigned char *)0xB000
 #define  HBLED_OUT *(unsigned char *)0xC000

 unsigned char cnt;

 interrupt [TIM0_OVF] void timer0_ovf_isr(void)
{ // 타이머/카운터0의 오버플로우 인터럽트가 발생하면 이 서비스 루틴으로 점프한다
  //점프하기 이전의 실행 부분의 주소는 스택에 저장된다.
   TCNT0= 0x00;      //타이머 카운터0의 값 8비트이므로 255까지 카운트한다.
   cnt++;            //255 이후 오버플로우가 발생하여 인터럽트를 요청한다.
 }                   //변수 증가 인터럽트가 걸릴 때마다 1씩 증가한다.
 // 1/3.6864MHz 1명령어 실행시간, 1024 분주
// 1/3.6864MHz * 1024 *(256-0)=0.07sec마다 인터럽트가 걸린다.

void timer0_init(void)
{
        TCCR0= 0x07;  //타이머 카운터 제어 레지스터 1024분주
        TCNT0= 0x00;  //타이머 카운터 값 0x00 입력
        TIMSK= 0x01;  //타이머 카운터 인터럽트 마스크 오버플로우 인터럽트 인에이블
}

 void main(void)
 {

        cnt=0;  //변수초기화
        MCUCR=0xC0;//mcu control register
        timer0_init();

       #asm("sei"); //인터럽트 인에이블 SREG 레지스터의 7번 비트를 '1'로
        while(1)
        {
                if(cnt==10)//0.7초마다 LED가 ON/OFF된다.
                {
                        HBLED_OUT=0x00;
                        LED_OUT=0xff;
```

```
                }
                else  if(cnt==20)
                {
                        cnt=0;
                        HBLED_OUT=0xff;
                        LED_OUT=0x00;
                }
        }
}
*****************************************************************
```

부록 2

MCP3202를 이용한 AD 컨버팅 예제

가. 회로도

점퍼스위치를 이용하여 아날로그 입력의 종류를 바꿀 수 있다.

JP1의 1과 2를 점퍼하고 외부의 아날로그 신호를 입력한다. CPE-ER1100의 테스트모드로서 활용하도록 가변저항이 장착되어 있다. 이 점퍼스위치를 3과 4를 연결하면 가변저항에 대한 아날로그 값이 MCP3202로 입력된다.

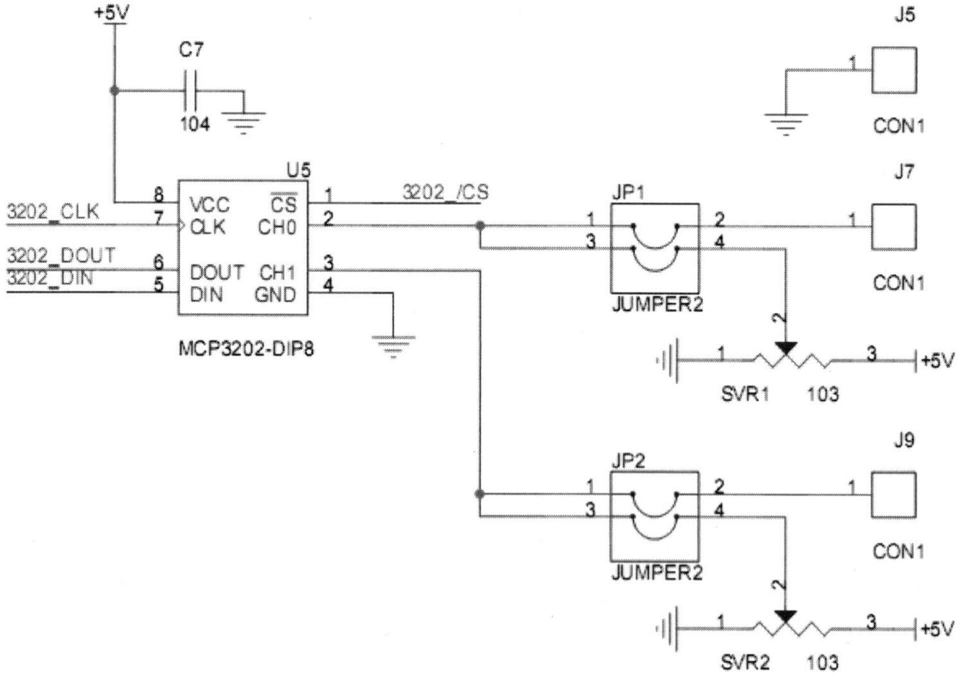

[그림 2] CPE-ER1100의 MCP3202 회로도

나. A/D 컨버터 제어 프로그램

다음은 동작에 대한 것이다.

① 점퍼 SW를 SVR로 연결되도록 설정하여 SVR을 돌려서 LED로 표시
② 점퍼 SW를 SVR로 연결되도록 설정하여 SVR을 돌려서 CLCD에 표시

```
**********************************************************************
MCP3202를 이용하여 아날로그 값을 디지털로 변환
점퍼 SW를 SVR로 연결되도록 설정하여 SVR을 돌려서 LED로 표시
**********************************************************************
#include <mega128.h>
#include <delay.h>

#define    CS      PORTE.2
#define    DIN     PORTE.4
#define    DOUT    PINE.5
#define    CLK     PORTE.3

#define  LED_OUT *(unsigned char *)0xB000
#define  HB_OUT  *(unsigned char *)0xC000

unsigned int  mcp3202_ch0, mcp3202_ch1;

char in_bit(void)
{
  char b;

  CLK=1;
  b=DOUT;
  CLK=0;

  return b;
}

void out_bit(char b)
{
```

```
    DIN=b;
    CLK=1;
    CLK=0;
}

unsigned int input_mcp3202(char ch)
{
    int i;
    unsigned int ret=0,tmp=0x0800;

    CS=0;

    out_bit(1); // start
    out_bit(1); // sgl
    if(ch==0) out_bit(0);
     else out_bit(1);
    out_bit(1); // msbf
    out_bit(0); // Null
    for(i=0; i〈12; i++) // Data
    {
        if(in_bit()) ret+=tmp〉〉i;
    }

    CS=1;

    return ret;
}

void main()
{
            DDRB=0xff;
            DDRE=0xdf;
            MCUCR=0xC0;
            XMCRA=0x00;

            mcp3202_ch1=0x00;
            mcp3202_ch0=0x00;
```

```
        while(1)
        {
                mcp3202_ch1=input_mcp3202(1);
                mcp3202_ch0=input_mcp3202(0);

                LED_OUT=mcp3202_ch1;
                HB_OUT=mcp3202_ch0;
                delay_ms(100);
        }
}
*******************************************************************
```

```
*******************************************************************
```

MCP3202를 이용하여 아날로그 값을 디지털로 변환

점퍼 SW를 SVR로 연결되도록 설정하여 SVR을 돌려서 CLCD에 표시

```
*******************************************************************
#include <mega128.h>
#include <delay.h>

#define LED_OUT *(unsigned char *)0xB000
#define HB_OUT  *(unsigned char *)0xC000

#define LCD_IW  *(unsigned char *)0x6000
#define LCD_IR  *(unsigned char *)0x6002
#define LCD_DW  *(unsigned char *)0x6001
#define LCD_DR  *(unsigned char *)0x6003

#define   CS    PORTE.2
#define   DIN   PORTE.4
#define   DOUT  PINE.5
#define   CLK   PORTE.3

#define MAX_BL 20
unsigned _sBL,sP;

unsigned int  mcp3202_ch0, mcp3202_ch1;

void wait_bf(void)
```

```
{
  while(LCD_IR & 0x80);// delay_ms(1);
}

void write_cmd(unsigned char cmd)
{
   wait_bf();
   LCD_IW=cmd;
}

void write_data(char ch)
{
   wait_bf();
   LCD_DW=ch;
}

void init_lcd(void)
{
  delay_ms(100);
  LCD_IW=0x30;
  delay_ms(10);
  LCD_IW=0x30;
  delay_ms(1);
  LCD_IW=0x30;
  write_cmd(0x38);
  write_cmd(0x0c);
  write_cmd(0x01);
  write_cmd(0x06);

  delay_ms(100);
}

void lcd_string(char flash *str)
{
  while(*str)
  {
    write_data(*str);
    str++;
```

```
    }
}

void line_dsp(int line,int col,char flash *s)
{
    switch(line)
    {
        case 1 : write_cmd(0x80+col);
                 break;
        case 2 : write_cmd(0xc0+col);
                 break;
        case 3 : write_cmd(0x94+col);
                 break;
        case 4 : write_cmd(0xd4+col);
                 break;
        default : break;
    }
    lcd_string(s);
}

void print_int(unsigned n, char c, unsigned char sBK)
{
    int tmp,i=1;

    if(c>=5)
    {
        tmp=n/10000;
        if(sBK && _sBL<MAX_BL/4)  write_data(' ');
         else write_data(tmp+0x30);
        n-=tmp*10000;
        i++;
    }
    if(c>=4)
    {
        tmp=n/1000;
        if(sBK && _sBL<MAX_BL/4)  write_data(' ');
         else write_data(tmp+0x30);
        n-=tmp*1000;
```

```
        i++;
    }
    if(c>=3)
    {
        tmp=n/100;
        if(sBK && _sBL<MAX_BL/4)  write_data(' ');
         else write_data(tmp+0x30);
        n-=tmp*100;
        i++;
    }
    if(c>=2)
    {
        tmp=n/10;
        if(sBK && _sBL<MAX_BL/4)  write_data(' ');
         else write_data(tmp+0x30);
        n-=tmp*10;
        i++;
    }

    if(sBK && _sBL<MAX_BL/4)  write_data(' ');
     else write_data(n+0x30);

    sP++;
    if(sP>2) { _sBL++; sP=0; }
    if(_sBL>MAX_BL) _sBL=0;
}
char in_bit(void)
{
    char b;

    CLK=1;
    b=DOUT;
    CLK=0;

    return b;
}

void out_bit(char b)
```

```
{
  DIN=b;
  CLK=1;
  CLK=0;
}

unsigned int input_mcp3202(char ch)
{
  int i;
  unsigned int ret=0,tmp=0x0800;

  CS=0;

  out_bit(1); // start
  out_bit(1); // sgl
  if(ch==0) out_bit(0);
   else out_bit(1);
  out_bit(1); // msbf
  out_bit(0); // Null
  for(i=0; i<12; i++) // Data
  {
    if(in_bit()) ret+=tmp>>i;
  }

  CS=1;

  return ret;
}

void main()
{
        DDRB=0xff;
        DDRE=0xdf;

        MCUCR=0xC0;
        XMCRA=0x00;

        delay_ms(100);
```

```
        init_lcd();
        mcp3202_ch1=0x00;
        mcp3202_ch0=0x00;

        line_dsp(1,0," *ADC-MCP3202-TEST* ");
        line_dsp(2,0,"   CH0=");
        line_dsp(3,0,"   CH1=");
        line_dsp(4,0,"********************");

        while(1)
        {
                mcp3202_ch1=input_mcp3202(1);
                mcp3202_ch0=input_mcp3202(0);

                LED_OUT=mcp3202_ch1;
                HB_OUT=mcp3202_ch0;
                //delay_ms(100);
                line_dsp(2,0,"   CH0=");
                write_data(((float)mcp3202_ch0/4096.*5.)+0x30);
                write_data('.');
                print_int((int)((float)mcp3202_ch0/4095.*500.)%100,2,0);
                lcd_string("V        ");

                line_dsp(3,0,"   CH1=");
                write_data(((float)mcp3202_ch1/4096.*5.)+0x30);
                write_data('.');
                print_int((int)((float)mcp3202_ch1/4095.*500.)%100,2,0);
                lcd_string("V        ");
        }
}
*****************************************************************
```

■ 찾아보기

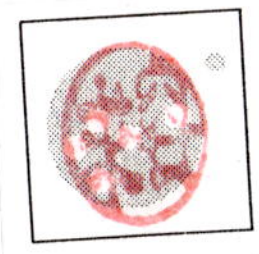

반도체 조명 시스템과 응용기술

2013년 8월 20일　1판 2쇄 발행

저　자 김　용　구
발행인 남　승　우

발행처 도서출판 상尙 학學 당堂

서울시 동작구 사당로9가길 6(사당동)
TEL : 02) 595-1692~4
FAX : 02) 595-1394
E-mail : namdoo6@unitel.co.kr

신고 : 2-155호 (1968. 11. 29)

정가 19,000원

ISBN 978-89-93383-54-6 93560

〈디자인〉 편집 엄해숙 / 표지 나아기획